化工原理实验

李 玲 叶长燊 主 编
施小芳 李 微 林述英 副主编

经济科学出版社

图书在版编目（CIP）数据

化工原理实验／李玲主编．—北京：经济科学出版社，2012.9（2019.12 重印）

ISBN 978－7－5141－2359－3

Ⅰ．①化…　Ⅱ．①李…　Ⅲ．①化工原理－实验－高等学校－教材　Ⅳ．①TQ02－33

中国版本图书馆 CIP 数据核字（2012）第 205176 号

责任编辑：刁其武　刘殿和
责任校对：王肖楠
版式设计：代小卫
责任印制：李　鹏

化工原理实验

李　玲　叶长燊　主编

经济科学出版社出版、发行　新华书店经销

社址：北京市海淀区阜成路甲 28 号　邮编：100142

教材分社电话：88191355　发行部电话：88191537

网址：www.esp.com.cn

电子邮件：espbj3@esp.com.cn

北京密兴印刷有限公司印装

787×1092　16 开　11.25 印张　260000 字

2012 年 9 月第 1 版　2019 年 12 月第 4 次印刷

ISBN 978－7－5141－2359－3　定价：23.00 元

前　言

化工原理又称化工单元操作，是化学工程学科中形成最早、基础性最强、应用面最广的学科分支。化工原理紧密联系化工生产实际，它来源于实践，又面向实践，应用于实践，是一门实践性很强的基础技术课程。化工原理实验则是学习、掌握和运用这门课程必不可少的重要环节，它与理论教学、课程设计等教学环节构成了化工原理课程体系。化工原理实验具有明显的工程特点，是一门以处理工程问题的方法论指导人们研究和处理实际化工过程问题的实验课程。

福州大学从2002年开始，进行化工原理实验内容、方法的改革，以当代教育思想、教育方法论及教育心理学为指导，积极倡导和实践以学生自主学习为主，教师指导为辅的启发式、交互式、研讨式、动手式的实验教学方法，从实验方案拟订、实验流程装配、实验步骤设计、实验现象观察、主要参数的测定与分析、实验数据处理以及实验结果讨论等方面有效地培养学生的创造性思维和实践动手能力。通过多年的实验教学实践和积极探索，逐渐形成了以综合型、设计型、研究型为中心的实验教学内容与教学方法，取得了较好的教学效果。

本书的特点是：(1) 内容完整全面。全书包括化工原理实验的实验研究方法、实验数据的误差分析、实验数据处理、正交试验设计方法、实验室常用测量仪表、化工原理计算机仿真实验、化工原理实验等内容。(2) 研究性、设计性和综合性实验特点突出。各实验均给出了若干研究性、设计性或综合性研究课题的实验任务书，学生可根据任务书独立完成实验研究并撰写小论文。这是引导学生在实验环节中，熟练应用所学知识、开展探究学习、拓展知识面的重要手段。(3) 实验思考题针对性强、富有启发性。各实验均提供了针对本实验研究内容的主要思考题，有利于启发学生针对实验的理论依据、实验过程现象、实验与理论的结合等各个方面逐步进行深入、全面的思考与探讨。

本书由李玲、施小芳、叶长燊、林述英、李微编著，全书由李玲统稿。

十分感谢天津大学化工基础实验中心、北京化工大学化工学院、福州大学化学化工学院以及福州大学化学化工实验教学中心和福州大学化学化工学院化工原理教学团队老师的支持。在此，对本书在编写过程中给予热心帮助和支持的老师和同事，表示衷心的感谢。

鉴于编者的水平及经验有限，编写时间仓促，书中不当之处在所难免，欢迎广大读者和同行批评指正。

编　者

2012年8月10日于福州大学

目　录

第一篇　化工原理实验基础知识

第二篇　实　验

第一篇　化工原理实验基础知识

绪　论

化工原理实验是化工、制药、环境、食品、生物工程等院系或专业教学计划中的一门必修课程。化工原理实验属于工程实验范畴，与一般化学实验相比，不同之处在于它具有工程特点。每个实验项目都相当于化工生产中的一个单元操作，通过实验能建立起一定的工程概念，同时，随着实验课的进行，会遇到大量的工程实际问题，对理工科的学生来说，可以在实验过程中更实际、更有效地学到更多工程实验方面的原理及测试手段；可以发现复杂的真实设备与工艺过程同描述这一过程的数学模型之间的关系；还可以掌握如何利用化工单元操作的基本理论与方法对复杂的实际工程问题进行合理的、适当的简化，实现对工程实际问题的准确描述，顺利开展研究工作，为单元操作过程的设计与操作提供基础。因此，在化工原理实验课的全过程中，学生在思维方法、工程实践能力和创新能力等方面都得到培养和提高，为今后的工作打下坚实的基础。

一、化工原理实验教学目的

化工原理实验教学目的主要有以下几点：

1. 巩固和深化理论知识。在学习化工原理课程的基础上，进一步理解一些比较典型的，已被或将被广泛应用的化工过程与设备的原理和操作，巩固和深化化工原理的理论知识。

2. 提供一个理论联系实际的机会。应用所学的化工原理等化学化工的理论知识去解决实验中遇到的各种实际问题，同时学会在化工领域内如何通过实验获得新的知识和信息。

3. 培养学生从事科学研究的能力。实验能力主要包括：

① 为完成一特定的研究课题，设计实验方案的能力；

② 在实验过程中，观察和分析实验现象的能力及解决实验问题的能力；

③ 正确选择和使用测量仪表的能力；

④ 利用实验的原始数据进行数据处理以获得实验结果的能力；

⑤ 运用文字表达研究报告的能力等。

学生只有通过一定数量的实验训练，才能掌握各种实验技能，为将来从事科学研究和解决工程实际问题打好坚实的基础。

4. 提高自身素质水平。

二、化工原理实验的特点

本课程内容强调实践性和工程观念，并将能力和素质培养贯穿于实验课的全过程。围绕《化工原理》课程中基本的理论，开设有设计型、研究型和综合型实验，培养学生掌握实验研究方法，训练其独立思考、综合分析问题和解决问题的能力。

实验设备采用计算机在线数据采集与控制系统，引入先进的测试手段和数据处理技术；开放实验室，除完成实验教学基本内容外，还可为有学习潜力的学生提供实验场所，培养学生的科研能力和创新精神。

本课程的部分实验报告采用小论文形式撰写，这种类型实验报告的撰写是提高学生写作能力、综合应用知识能力和科研能力的一个重要手段，可为毕业论文环节和今后工作所需的科学研究和科学论文的撰写打下坚实的基础。

三、化工原理实验教学内容与方法

工程实验不仅仅是一项技术工作，更是一门重要的技术学科，有其自身的特点和系统，因此我们将化工原理实验单独设课。化工原理实验教学内容主要包括实验理论教学、计算机仿真实验和单元操作实验三大部分。

1. 实验理论教学。主要讲述化工原理实验教学的目的、要求和方法，化工原理实验的特点，化工原理实验的研究方法，实验数据的误差分析，实验数据的处理方法，与化工原理实验有关的计算机数据采集与控制基本知识等。

2. 计算机仿真实验。包括仿真运行、数据处理和实验测评三部分。

3. 单元操作实验。单元操作实验分别为流体阻力实验、离心泵实验、过滤实验、传热实验、吸收实验、精馏实验和干燥实验。

每个实验匀安排现场预习（包括仿真实验）和实验操作两个单元时间。化工原理实验工程性较强，有许多问题需要事先考虑、分析，并做好必要的准备，因此必须在实验操作前进行现场预习和仿真实验。

化工原理实验室实行开放制度，学生实验前必须预约。

四、实验各环节要求

化工原理实验包括：实验预习（包括仿真实验），实验操作，测定、记录和数据处理，实验报告编写等主要环节。各个环节的具体要求如下：

1. 预习环节。要完成实验任务，仅仅掌握实验原理部分是不够的，还必须做到以下几点：

① 认真阅读实验讲义，复习化工原理教材以及参考书的有关内容，为培养能力，应试图对每个实验提出问题，带着问题到实验室现场预习。

② 现场熟悉实验设备装置的结构和流程。

③ 明确操作程序与所要测定参数的项目，了解相关仪表的类型和使用方法，以及参数的调整、实验测试点的分配等。

④ 进行仿真实验和仿真实验测评。

2. 实验操作环节。一般以3～4人为一小组合作进行实验，实验前必须作好组织工作，做到既分工又合作，每个组员要各负其责，并且要在适当的时候进行轮换工作，这样既能保证质量，又能获得全面的训练。实验操作注意事项如下：

① 实验设备的启动操作，应按教材说明的程序逐项进行。设备启动前必须检查：设备、管道上各个阀门的开、闭状态是否合乎流程要求；对泵、风机、压缩机等设备，启动前先用手扳动联轴节，看能否正常转动。检查合格并征得实验指导教师同意方可开始操作。

② 操作过程中设备及仪表有异常情况时，应立即按停车步骤停车并报告指导教师，同时应利用这个时机研究产生异常情况的原因，因为这是分析问题和处理问题的极好机会。

③ 操作过程中应随时观察仪表指示值的变动，确保操作在稳定条件下进行。出现不符合规律的现象时，应注意观察研究，分析其原因，不要轻易放过。

④ 停车时应严格按操作说明依次关闭有关的气源、水源、电源等，并将各阀门恢复至实验前所处的位置（开或关）。

3. 测定、记录和数据处理。

（1）确定要测定哪些数据。凡是与实验结果有关或是整理数据时必需的参数都应一一测定。原始数据记录表的设计应在实验前完成。原始数据应包括工作介质性质、操作条件、设备几何尺寸及大气条件等。

（2）实验数据的分割。一般来说，实验时要测的数据尽管有许多个，但常常选择其中一个数据作为自变量来控制，而把其他受其影响或控制的随之而变的数据作为因变量，如离心泵特性曲线就把流量选作为自变量，而把其他同流量有关的扬程、轴功率、效率等作为因变量。实验结果又往往要把这些所测的数据标绘在各种坐标系上，为了使所测数据在坐标上得到分布均匀的曲线，这里就涉及实验数据均匀分割的问题。化工原理实验最常用的有直角坐标和双对数坐标两种坐标纸，坐标不同所采用的分割方法也不同。其分割值 x 与实验预定的测定次数 n，以及其最大、最小的控制量 x_{max}，x_{min} 之间的关系如下：

① 对于直角坐标系

$$x_i = x_{min} \qquad \Delta x = \frac{x_{max} - x_{min}}{n - 1} \qquad \Delta x_{i+1} = x_i + \Delta x$$

② 对于双对数坐标

$$x_i = x_{min} \qquad \log\Delta x = \frac{\log x_{max} - \log x_{min}}{n - 1}$$

$$\therefore\ \Delta x = \left(\frac{x_{max}}{x_{min}}\right)^{\frac{1}{n-1}} \qquad x_{i+1} = x_i \cdot \Delta x$$

（3）读数与记录。

① 待设备各部分运转正常，操作稳定后才能读取数据。如何判断是否已达稳定？一般经两次测定，其读数相同或十分相近，即可认为已达稳定。当变更操作条件后，各项参数达

到稳定需要一定的时间，因此也要待其稳定后方可读数，否则易造成实验结果无规律，甚至反常。

② 同一操作条件下，不同数据最好是数人同时读取，若操作者同时兼读几个数据，应尽可能动作敏捷。

③ 每次读数都应与其他有关数据及前一点数据对照，看看相互关系是否合理。如不合理应查找原因，并在记录上注明。

④ 所记录的数据应是直接读取的原始数值，不要经过运算后记录，如秒表读数1分23秒应记为1′23″，不要记为83″。

⑤ 读取数据应根据仪表的精度，读至仪表最小分度以下一位数，这个数为估计值。如水银温度计最小分度为0.1℃，若水银柱恰指22.4℃时，应记为22.40℃。注意，过多取估计值的位数是毫无意义的。

碰到有些参数在读数过程中波动较大，首先要设法减小其波动。在波动不能完全消除情况下，可取波动的最高点与最低点两个数据，然后取平均值。

⑥ 不能凭主观臆测修改记录数据，也不要随意舍弃数据。对可疑数据，除有明显原因，如读错、误记等情况使数据不正常可以舍弃之外，一般应在数据处理时检查并处理。

⑦ 数据记录完毕要仔细检查一遍，看有无漏记或记错处，特别要注意仪表上的计量单位。实验完毕，须将原始数据记录表格交指导教师检查并签字，认为准确无误后方可结束实验。

(4) 数据的整理及处理。原始记录只可进行整理，绝不可以随便修改，经判断确实为过失误差造成的不正确数据须注明后，方可剔除不计入结果。数据处理过程应有计算示例。实验结果及结论用列表法、图示法或回归分析法来说明都可以，但均需标明实验条件。列表法、图示法和回归分析法详见第3章实验数据处理。

4. 编写实验报告。

实验报告根据各个实验要求，按传统实验报告格式或小论文格式撰写，报告的格式详见本节第五部分。

五、实验报告的编写

实验报告是实验工作的全面总结和系统概括，是实践环节中不可缺少的一个重要组成部分。撰写实验报告，可以培养文献资料的查阅能力和科技论文的写作能力。化工原理实验具有显著的工程性，属于工程技术科学的范畴，它研究的对象是复杂的实际工程问题。化工原理的实验报告可以按传统实验报告格式或小论文格式撰写；报告内容应包括所设计的实验方案的理论依据、实验测定的方法、原始数据、数据处理方法以及实验结果讨论等。

1. 传统实验报告格式。

本课程实验报告的内容应包括以下几项：

(1) 实验名称，报告人姓名、班级及同组实验人姓名，实验地点，指导教师，实验日期。上述内容作为实验报告的封面。

(2) 实验目的和内容。简明扼要地说明为什么要进行本实验，实验要解决什么问题。

（3）实验的理论依据（实验原理）。简要说明实验所依据的基本原理，包括实验涉及的主要概念，实验依据的重要定律、公式及据此推算的重要结果。实验的理论依据要求准确、充分。

（4）实验装置流程示意图。简单地画出实验装置流程示意图和测试点、控制点的具体位置及主要设备、仪表的名称，标出设备、仪器仪表及调节阀等的标号，在流程图的下方写出图名及与标号相对应的设备、仪器等的名称。

（5）实验操作要点。根据实际操作程序划分为几个步骤，并在前面加上序数词，以使条理更为清晰。对于操作过程的说明应简单明了。

（6）注意事项。对于容易引起设备或仪器仪表损坏，容易发生危险，以及一些对实验结果影响比较大的操作，应在注意事项中注明，以引起注意。

（7）原始数据记录。记录实验过程中从测量仪表所读取的数值。读数方法要正确，记录数据要准确，要根据仪表的精度决定实验数据的有效数字的位数。

（8）数据处理。数据处理是实验报告的重点内容之一，要求将实验原始数据进行整理、计算，并将其制成便于分析讨论的表和图。表格要易于显示数据的变化规律及各参数的相关性，图要能直观地表达变量间的相互关系。

（9）数据处理计算过程举例。以某一组原始数据为例，把各项计算过程列出，以说明数据整理表中的结果是如何得到的。

（10）实验结果的分析与讨论。实验结果的分析与讨论是作者理论水平的具体体现，也是对实验方法和结果进行的综合分析与研究，是工程实验报告的重要内容之一。其主要内容包括：

① 从理论上对实验所得结果进行分析和解释，说明其必然性；

② 对实验中的异常现象进行分析讨论，说明影响实验的主要因素；

③ 分析误差的大小和原因，指出提高实验结果的途径；

④ 将实验结果与前人和他人的结果对比，说明结果的异同，并解释这种异同；

⑤ 本实验结果在生产实践中的价值和意义，推广和应用效果的预测等；

⑥ 由实验结果提出进一步的研究方向或对实验方法及装置提出改进建议等。

（11）实验结论。结论是根据实验结果所作出的最后判断，得出的结论要从实际出发，要有理论依据。

（12）思考题。

（13）参考文献。同以下小论文格式部分。

2. 小论文格式。

科学论文有其独特的写作格式，其构成常包括以下部分：标题、作者、单位、摘要、关键词、前言（或引言、序言）、正文、结论（或结果讨论）、致谢、参考文献等。

（1）标题。标题又叫题目，它是论文的总纲，是文献检索的依据，是全篇文章的实质与精华，也是引导读者判断是否阅读该文的一个依据，因此要求标题能准确地反映论文的中心内容。

（2）作者和单位。署名作者只限于那些选定研究课题和制定研究方案，直接参加全部或主要部分研究工作并作出主要贡献，以及参加撰写论文并能对内容负责的人，按其贡献大小排列名次。工作单位写在作者名下。

(3) 摘要 (abstract)。撰写摘要的目的是让读者一目了然本书都研究了什么问题，用什么方法，得到什么结果，这些结果有什么重要意义。摘要是对论文内容不加注解和评论的概括性陈述，是全文的高度浓缩。摘要一般几十个字至300字为宜。

(4) 关键词 (Key Words)。关键词是将论文中起关键作用的、最说明问题的、代表论文内容特征的或最有意义的词选出来，以便于检索。可选3~8个关键词。

(5) 前言。前言是论文主体部分的开端。简要说明研究工作的目的、范围、相关领域的前人工作和知识空白、理论基础和分析、研究设想、研究方法（前言中提及方法的名称即可，无须展开细述）、预期结果和意义等。前言应言简意赅，不要与摘要雷同。比较短的论文用一小段文字作简要说明，则不用“引言”或“前言”两字。

(6) 正文部分。这是论文的核心部分，占主要篇幅，可以包括：实验方法、仪器设备、材料原料、实验和观测结果、计算方法和编程原理、数据资料、经过加工整理的图表、形成的论点和导出的结论等。这一部分的形式主要根据作者意图和文章内容决定，不可能也不应该规定一个统一的形式，但都必须实事求是，客观真切，准确完备，合乎逻辑，层次分明，简练可读。本部分可根据论文内容分成若干个标题来叙述。

(7) 实验结果与分析讨论。这部分内容是论文的重点，是结论赖以产生的基础。需对数据处理的实验结果进一步加以整理，从中选出最能反映事物本质的数据或现象，并将其制成便于分析、讨论的图或表。在结果与分析中既要包含所取得的结果，还要说明结果的可信度、再现性、误差、与理论或分析结果的比较，以及经验公式的建立等。

(8) 结论（结束语）。结论是论文在理论分析和计算结果（实验结果）中分析和归纳出的观点，它是以结果和讨论（或实验验证）为前提，经过严密的逻辑推理做出的最后判断，是整个研究过程的结晶，是全篇论文的精髓，据此可以看出研究成果的水平。可以在结论或讨论中提出建议、研究设想、仪器设备改进意见、尚待解决的问题等。

(9) 致谢。致谢的作用主要是为了表示尊重所有合作者的劳动。致谢对象包括除作者以外所有对研究工作和论文写作有贡献、有帮助的人，如指导过论文的专家、教授，帮助搜集和整理过资料者，对研究工作和论文写作提过建议者等。

(10) 参考文献。参考文献反映作者的科学态度和研究工作的依据，也反映出该论文的起点和深度。可提示读者查阅原始文献，同时也表示作者对他人成果的尊重。参考文献的著录方法采用顺序编码制。顺序编码制是指作者在论文中所引用的文献按它们在文中出现的先后顺序，用阿拉伯数字加方括号连续编码，视具体情况把序号作为上角或作为语句的组成部分进行标注，并在文后参考文献表中，各条文献按在论文中出现的文献序号顺序依次排列。

被引用的文献为期刊论文的单篇文献时，著录格式为：“[序号] 作者. 文献题名 [J]. 刊名，出版年，卷号（期号）：引文所在的起止页码.”。

被引用的文献为图书、科技报告等整本文献时，著录格式为：“[序号] 作者. 文献书名 [M]. 版本（第一版本一般不标注）. 出版地：出版者，出版年：引文所在的起止页码.”。

(11) 附录。附录是在论文末尾作为正文主体的补充项目，并不是必需的。对于某些数量较大的重要原始数据、计算程序、篇幅过大不便于作正文的材料、对专业同行有参考价值的资料等，可作为附录放在论文的最后（参考文献之后）。每一附录均应另页。

（12）外文摘要。对于正式发表的论文，有些刊物要求要有外文摘要。通常是将中文标题（Topic）、作者（Author）、摘要（Abstract）及关键词（Key Words）译为英文。其排放位置因刊物而异。

用论文形式撰写“化工原理实验”实验报告，是一种综合素质和能力培养的重要手段，应提倡这种形式的实验报告。但无论何种形式的实验报告，均应体现出它的学术性、科学性、理论性、规范性、创造性和探索性。论文和参考文献的格式，具体可参考国家标准：GB/T 7713—1987《科学技术报告、学位论文和学术论文的编写格式》和 GB/T 7714—1987《文后参考文献著录规则》。

第 *1* 章

化工原理的实验研究方法

工程实验不同于基础课程的实验，后者采用的方法是理论的、严密的，研究的对象通常是简单的、基本的，甚至是理想的，而工程实验面对的是复杂的实验问题和工程问题，对象不同，实验研究方法必然不一样。工程实验的困难在于变量多，涉及的物料千变万化，设备结构、大小悬殊，困难可想而知。化学工程学科，如同其他工程学科一样，除了生产经验总结以外，实验研究是学科建立和发展的重要基础。多年来，化工原理实验在发展过程中形成的研究方法有直接实验法、因次分析法和数学模型法 3 种。

1.1 直接实验法

直接实验法是一种解决工程实际问题最基本的方法。这种方法对特定的工程问题直接进行实验测定，得到的结果较为可靠，但由于该实验结果只能在实验测量范围内使用，因此有较大的局限性。例如过滤某种物料，已知滤浆的浓度，在某一恒压条件下直接进行过滤实验，测定过滤时间和所得滤液量，再根据过滤时间和所得滤液量两者之间的关系，可以作出该物料在某一压力下的过滤曲线。如果滤浆浓度改变或过滤压力改变，所得过滤曲线也都将不同。

对一个多变量影响的工程问题，为研究过程的规律，往往采用网络法规划实验，即依次固定其他变量，改变某一变量测定目标值。比如，影响流体阻力的主要因素有管径 d、管长 l、平均流速 u、流体密度 ρ、流体粘度 μ 及管壁粗糙度 ε，变量数为 6 个，如果每个变量改变条件次数为 10 次，则需要做 10^6 次实验。不难看出变量数是出现在幂上，涉及变量越多，所需实验次数将会剧增，因此需要寻找一种方法以减少工作量，并使得到的结果具有一定的普遍性。因次分析法就是一种能解决上述问题的在化工原理中广泛使用的实验研究方法。

1.2 因次分析法

因次分析法所依据的基本理论是因次一致性原则和白金汉（Buckingham）的 π 定理。

因次一致性原则是：凡是根据基本的物理规律导出的物理量方程，其中各项的因次必然相同。π 定理是：用因次分析所得到的独立的因次数群个数 N，等于变量数 n 与基本因次数 m 之差，即 $N = n - m$。

因次分析法是将多变量函数整理为简单的无因次数群的函数，然后通过实验归纳整理出算图或准数关系式，从而大大减少实验工作量，同时也容易将实验结果应用到工程计算和设计中。

使用因次分析法时，应明确因次与单位是不同的。因次又称量纲，是指物理量的种类，而单位是比较同一种类物理量大小所采用的标准。比如，力可以用牛顿（N）、千克力（kgf）、磅力（bf）来表示（后二者为非法定计量单位），但单位的种类同属质量类。

因次有两类，一类是基本因次，它们是彼此独立的，不能相互导出；另一类是导出因次，由基本因次导出。例如，在力学领域内基本因次有 3 个，通常为长度 [L]、时间 [θ]、质量 [M]，其他力学的物理量的因次都可以由这 3 个因次导出，并可写成幂指数乘积的形式。

现设某个物理量的导出因次为 Q，$[Q] = [M^a L^b \theta^c]$，式中 a、b、c 为常数。如果基本因次的指数均为零，这个物理量称为无因次数（或无因次数群），如反映流体流动状态的雷诺数就是无因次数群。

1.2.1 因次分析法的具体步骤

（1）找出影响过程的独立变量；

（2）确定独立变量所涉及的基本因次；

（3）构造因变量和自变量的函数式，通常以指数方程的形式表示；

（4）用基本因次表示所有独立变量的因次，并写出包涵各独立变量的因次式；

（5）依据物理方程的因次一致性原则和 π 定理得到准数方程；

（6）通过实验归纳总结准数方程的具体函数式。

1.2.2 因次分析法举例说明

以获得流体在管内流动的阻力和摩擦系数 λ 的关系式为例。根据摩擦阻力的性质和有关实验研究，得知由于流体内摩擦而出现的压力降 Δp 与 6 个因素有关，其函数关系式为：

$$\Delta p = f(d, l, u, \rho, \mu, \varepsilon) \tag{1-1}$$

这个隐函数是什么形式并不知道，但从数学上讲，任何非周期性函数，用幂函数的形式逼近是可取的，所以化工上一般将其改为下列幂函数的形式：

$$\Delta p = K d^a l^b u^c \rho^d \mu^e \varepsilon^f \tag{1-2}$$

尽管式（1-2）中各物理量上的幂指数是未知的，但根据因次一致性原则可知，方程式等号右侧的因次必须与 Δp 的因次相同；那么组合成几个无因次数群才能满足要求呢？由式（1-1）分析，变量数 $n = 7$（包括 Δp），表示这些物理量的基本因次 $m = 3$（长度 [L]、时间 [θ]、质量 [M]），因此根据白金汉的 π 定理可知，组成的无因次数群的数目为：$N =$

$n - m = 4$。

通过因次分析，将变量无因次化。式（1－2）中各物理量的因次分别是：

$$\Delta p = [ML^{-1}\theta^{2}] \qquad d = l = [L] \qquad u = [L\theta^{-1}]$$

$$\rho = [ML^{-3}] \qquad \mu = [ML^{-1}\theta^{-1}] \qquad \varepsilon = [L]$$

将各物理量的因次代入式（1－2），则两端因次为：

$$ML^{-1}\theta^{-2} = KL^{a}L^{b}(L\theta^{-1})^{c}(ML^{-3})^{d}(ML^{-1}\theta^{-1})^{e}L^{f}$$

根据因次一致性原则，上式等号两边各基本量的因次的指数必然相等，可得方程组：

对基本因次 $[M]$　　$d + e = 1$

对基本因次 $[L]$　　$a + b + c - 3d - e + f = -1$

对基本因次 $[\theta]$　　$-c - e = -2$

此方程组包括3个方程，却有6个未知数，设用其中3个未知数 b、e、f 来表示 a、d、c，解此方程组，可得：

$$\begin{cases} a = -b - c + 3d + e - f - 1 \\ d = 1 - e \\ c = 2 - e \end{cases} \qquad \begin{cases} a = -b - e - f \\ d = 1 - e \\ c = 2 - e \end{cases}$$

将求得的 a、d、c 代入式（1－2），即得：

$$\Delta p = Kd^{-b-e-f}l^{b}u^{2-e}\rho^{1-e}\mu^{e}\varepsilon^{f} \tag{1-3}$$

将指数相同的各物理量归并在一起得：

$$\frac{\Delta p}{u^{2}\rho} = K\left(\frac{l}{d}\right)^{b}\left(\frac{du\rho}{\mu}\right)^{-e}\left(\frac{\varepsilon}{d}\right)^{f} \tag{1-4}$$

$$\Delta p = 2K\left(\frac{l}{d}\right)^{b}\left(\frac{du\rho}{\mu}\right)^{-e}\left(\frac{\varepsilon}{d}\right)^{f}\left(\frac{u^{2}\rho}{2}\right) \tag{1-5}$$

由于摩擦损失 Δp 应与管长 l 成正比，故式中 $b = 1$（实验也证实这一点），因此将此式与计算流体在管内摩擦阻力的公式（范宁公式）

$$\Delta p = \lambda\frac{l}{d}\left(\frac{u^{2}\rho}{2}\right) \tag{1-6}$$

相比较，整理得到研究摩擦系数 λ 的关系式，即

$$\lambda = 2K\left(\frac{du\rho}{\mu}\right)^{-e}\left(\frac{\varepsilon}{d}\right)^{f} \tag{1-7}$$

或

$$\lambda = \Phi\left(Re, \frac{\varepsilon}{d}\right) \tag{1-8}$$

由以上分析可以看出：在因次分析法的指导下，将一个复杂的、多变量的管内流体阻力的计算问题，简化为摩擦系数 λ 的研究和确定。它是建立在正确判断过程影响因素的基础上，进行了逻辑加工而归纳出的数群。上面的例子只能告诉我们：λ 是 Re 与 ε/d 的函数，至

于它们之间的具体形式，归根到底还得靠实验来确定。通过实验变成一种算图或经验公式用以指导工程计算和工程设计。著名的莫狄（Moody）摩擦系数图即“摩擦系数 λ 与 Re、ε/d 的关系曲线”，就是这种实验的结果。许多实验研究了各种具体条件下的摩擦系数 λ 的计算公式，其中较著名的有适用于光滑管的柏拉修斯（Blasius）公式：

$$\lambda = \frac{0.3164}{Re^{0.25}}$$

其他研究结果可以参看有关教科书及手册。

因次分析法有两点值得注意：

（1）最终所得数群的形式与求解联立方程组的方法有关。如何合并变量为有用的准数，这是研究者必须注意的问题。在前例中如果不以 b、e、f 来表示 a、d、c，而改为以 d、e、f 表示 a、b、c，整理得到的数群形式也就不同。不过，这些形式不同的数群可以通过互相乘除，仍然可以变换成前例中所求得的 4 个数群。

（2）必须对所研究的过程的问题有本质的了解，如果有一个重要的变量被遗漏或者引进一个无关的变量，就会得出不正确的结果，甚至导致谬误的结论。所以应用因次分析法必须持谨慎的态度。

从以上分析可知：因次分析法是通过将变量组合成无因次数群，从而减少实验自变量的个数，大幅度地减少实验次数。另一个优点是，若按式（1-1）进行实验时，为改变 ρ 和 μ，实验中必须换多种液体；为改变 d 必须先改变实验装置（管径）。而应用因次分析所得的式（1-5）指导实验时，要改变 $du\rho/\mu$ 只需改变流速；要改变 l/d，只需改变测量段的距离，即两个测压点的距离。从而可以将水、空气等的实验结果推广应用于其他流体，将小尺寸模型的实验结果应用于大型实验装置。因此实验前的无因次化工作是规划一个实验的一种有效手段，并在化工实验研究中广泛应用。

1.3 数学模型法

1.3.1 数学模型法主要步骤

数学模型法是在对待研究问题有充分认识的基础上，按以下主要步骤进行工作：

（1）将复杂问题作合理又不过于失真的简化，提出一个近似实际过程又易于用数学方程式描述的物理模型。

（2）对所得到的物理模型进行数学描述，即建立数学模型，然后确定该方程的初始条件和边界条件，并求解方程。

（3）通过实验对数学模型的合理性进行检验，并测定模型参数。

1.3.2 数学模型法举例说明

以求取流体通过固定床的压降为例进行说明。固定床中颗粒间的空隙形成许多可供流体通过细小的通道，这些通道是曲折而且互相交联的。同时，这些通道的截面大小和形状又是很不规则的，流体通过如此复杂的通道时的压降自然很难进行理论计算，但可以用数学模型法来解决。

（1）物理模型。

流体通过颗粒层的流动多呈爬流状态，单位体积床层所具有的表面积对流动阻力有决定性的作用。这样，为解决压降问题，可在保证单位体积表面积相等的前提下，将颗粒层内的实际流动过程作如下大幅度的简化，使之可以用数学方程式加以描述。

将床层中的不规则通道简化成长度为 L_e 的一组平行细管，并规定：细管的内表面积等于床层颗粒的全部表面，细管的全部流动空间等于颗粒床层的空隙容积。

根据上述假定，可求得这些虚拟细管的当量直径 d_e

$$d_e = \frac{4 \times 通道的截面积}{润湿周边} \tag{1-9}$$

分子、分母同乘 L_e，则有

$$d_e = \frac{4 \times 床层的流动空间}{细管的全部内表面} \tag{1-10}$$

以 $1m^3$ 床层体积为基准，则床层的流动空间为 ε，每 m^3 床层的颗粒表面即为床层的比表面 α_B。如果忽略因颗粒相互接触而使裸露的颗粒表面减少，则 α_B 与颗粒的比表面 α 之间关系为 $\alpha_B = \alpha(1-\varepsilon)$，因此

$$d_e = \frac{4\varepsilon}{\alpha_B} = \frac{4\varepsilon}{\alpha(1-\varepsilon)} \tag{1-11}$$

按此简化的物理模型，流体通过固定床的压降即可等同于流体通过一组当量直径为 d_e、长度为 L_e 的细管的压降。

（2）数学模型。

上述简化的物理模型，已将流体通过具有复杂的几何边界的床层的压降简化为通过均匀圆管的压降。对此，可用现有的理论作出如下数学描述：

$$h_f = \frac{\Delta p}{\rho} = \lambda \frac{L_e}{d_e}\frac{u_1^2}{2} \tag{1-12}$$

式中，u_1 为流体在细管内的流速。u_1 可取实际填充床中颗粒空隙间的流速，它与空床流速（表观流速）u 的关系为：

$$u = \varepsilon u_1 \tag{1-13}$$

将式（1-11）、式（1-13）代入式（1-12）得：

$$\frac{\Delta p}{L} = \left(\lambda \frac{L_e}{8L}\right)\frac{(1-\varepsilon)\alpha}{\varepsilon^3}\rho u^2 \tag{1-14}$$

细管长度 L_e 与实际长度 L 不等，但可以认为 L_e 与实际床层高度 L 成正比，即 $L_e = kL$，并将系数 k 并入摩擦系数中，于是

$$\frac{\Delta p}{L} = \lambda' \frac{(1-\varepsilon)\alpha}{\varepsilon^3}\rho u^2 \tag{1-15}$$

式中，$\lambda' = \frac{\lambda}{8}\frac{L_e}{L}$。

上式即为流体通过固定床压降的数学模型，其中包括一个未知的待定系数 λ'。λ' 称为模型参数，就其物理意义而言，也可称为固定床的流动摩擦系数。

（3）模型的检验和模型参数的估值。

上述床层的简化处理只是一种假定，其有效性必须经过实验检验，其中模型参数 λ' 亦必须由实验测定。康采尼（Kozeny）和欧根（Ergun）等均对此进行了实验研究，获得了不同实验条件下不同范围的 λ' 与 Re' 的关联式。由于篇幅所限，详细内容请参考文献［3］和其他有关书籍。

1.3.3 数学模型法和因次分析法的比较

对于数学模型法，决定成败的关键是对复杂过程的合理简化，即能否得到一个足够简单的既可用数学方程式表示而又不失真的物理模型。只有对过程的内在规律，特别是过程的特殊性，有着深刻的理解并根据特定的研究目的加以利用，才有可能对真实的复杂过程进行大幅度的合理简化，同时在指定的某一侧面保持等效。上述例子进行简化时，只是物理模型与实际过程在阻力损失这一侧面保持等效。

对于因次分析法，决定成败的关键在于能否如数地列出影响过程的主要因素。它无须对过程本身的规律深入理解，只要做若干因次分析实验，考察每个变量对实验结果的影响程度即可。在因次分析法指导下的实验研究只能得到过程的外部联系，而对过程的内部规律则不甚了然。然而，这正是因次分析法的一大特点，它使因次分析法成为对各种研究对象原则上皆适用的一般方法。

无论是数学模型法还是因次分析法，最后都要通过实验解决问题，但实验的目的大相径庭。数学模型法的实验目的是为了检验物理模型的合理性，并测定为数较少的模型参数；而因次分析法的实验目的是为了寻找各无因次变量之间的函数关系。

第 2 章

实验数据的误差分析

任何一项实验和测量均存在误差。产生误差的原因是极其复杂的，不同的因素产生误差的性质也不同，所以在整理实验数据时，首先应对实验数据的可靠性进行客观的评定。

误差分析的目的就是评定实验数据的精确性，通过误差分析，认清误差的来源及其影响，并设法消除或减小误差，提高实验的质量。对实验误差进行分析和估算，在评判实验结果和设计方案方面具有重要的意义。本章就化工原理实验中遇到的一些误差的基本概念与估算方法作一扼要介绍。

2.1 真值与平均值

真值是指某物理量客观存在的确定值。通常一个物理量的真值是不知道的，是我们努力要求测到的。严格来讲，由于测量仪器，测定方法、环境，人的观察力，测量的程序等都不可能是完整无缺的，故真值是无法测得的，是一个理想值。科学实验中真值的定义是：设在测量中观察的次数为无限多，则根据误差分布定律正负误差出现的几率相等，故将各观察值相加，加以平均，在无系统误差情况下，可能获得极近于真值的数值。故“真值”在现实中是指观察次数无限多时，所求得的平均值（或是写入文献手册中所谓的“公认值”）。然而对我们工程实验而言，观察的次数都是有限的，故用有限观察次数求出的平均值，只能是近似真值，或称为最佳值。一般我们称这一最佳值为平均值。常用的平均值有下列几种：

（1）算术平均值 $\bar{x}$。这种平均值最常用。测量值的分布服从正态分布时，用最小二乘法原理可以证明：在一组等精度的测量中，算术平均值为最佳值或最可信赖值。

$$\bar{x} = \frac{x_1 + x_2 + \cdots + x_n}{n} = \frac{1}{n}\sum_{i=1}^{n} x_i \qquad (2-1)$$

式中，$x_1, x_2, \cdots, x_n$ 为各次观测值；n 为观察的次数。

（2）均方根平均值 $\bar{x}_{均}$。

$$\bar{x}_{均} = \sqrt{\frac{x_1^2 + x_2^2 + \cdots + x_n^2}{n}} = \sqrt{\frac{1}{n}\sum_{i=1}^{n} x_i^2} \qquad (2-2)$$

（3）加权平均值 $\bar{w}$。设对同一物理量用不同方法测定，或对同一物理量由不同人测定，计算平均值时，常对比较可靠的数值予以加重平均，称为加权平均。

$$\bar{w} = \frac{w_1x_1 + w_2x_2 + \cdots + w_nx_n}{w_1 + w_2 + \cdots + w_n} = \frac{\sum_{i=1}^{n} w_ix_i}{\sum_{i=1}^{n} w_i} \tag{2-3}$$

式中，$x_1, x_2, \cdots, x_n$——各次观测值；

$w_1, w_2, \cdots, w_n$——各测量值的对应权重，一般凭经验确定。

（4）几何平均值 $\bar{x}_n$。

$$\bar{x}_n = \sqrt[n]{x_1 \cdot x_2 \cdot x_3 \cdots x_n} \tag{2-4}$$

（5）对数平均值 x_m。

$$x_m = \frac{x_1 - x_2}{\ln x_1 - \ln x_2} = \frac{x_1 - x_2}{\ln \frac{x_1}{x_2}} \tag{2-5}$$

若 $1 < \frac{x_1}{x_2} < 2$，可用算术平均值代替对数平均值，引起的误差在4%以内。

介绍以上各种平均值，目的是要从一组测定值中找出最接近真值的那个值。平均值的选择主要决定于一组观测值的分布类型，在化工原理实验研究中，数据分布较多属于正态分布，故通常采用算术平均值。

2.2 误差的分类

在任何一种测量中，无论所用仪器多么精密，方法多么完善，实验者多么细心，不同时间所测得的结果也不一定完全相同，而有一定的误差和偏差。严格来讲，误差是指实验测量值（包括直接和间接测量值）与真值（客观存在的准确值）之差，偏差是指实验测量值与平均值之差，但习惯上通常两者不加以区别。根据误差的性质及其产生的原因，可将误差分为系统误差、随机误差和过失误差3种。

（1）系统误差。系统误差又称恒定误差，是由某些固定不变的因素引起的。同一物理量在相同条件下进行多次测量，其误差数值的大小和正负保持恒定，或随条件改变按一定的规律变化。

产生系统误差的原因有：

① 仪器刻度不准，砝码未经校正等；

② 试剂不纯，质量不符合要求等；

③ 周围环境改变，如外界温度、压力、湿度的变化等；

④ 个人的习惯与偏向，如读取数据常偏高或偏低，记录某一信号的时间总是滞后，判

定滴定终点的颜色因人而异等。

可以用准确度一词来表征系统误差的大小，系统误差越小，准确度越高，反之亦然。

由于系统误差是误差的重要组成部分，消除和估计系统误差对于提高测量准确度就十分重要。一般系统误差是有规律的，其产生的原因也往往是可知或找出原因后可以消除的，至于不能消除的系统误差也应设法确定或估计出来。

（2）随机误差。随机误差又称偶然误差，是由某些不易控制的因素造成的。同一物理量在相同条件下作多次测量，其误差的大小、正负方向不一定，其产生原因一般不详，因而也就无法控制。它主要表现在测量结果的分散性，但完全服从统计规律。随着测量次数的增加，平均值的随机误差可以减小，但不会消除。研究随机误差可以采用概率统计的方法。在误差理论中，常用精密度一词来表征随机误差的大小，随机误差越大，精密度越低，反之亦然。

（3）过失误差。过失误差又称粗大误差，即与实际明显不符的误差，主要是由于实验人员粗心大意所致，读错、测错、记错等都会带来过失误差。含有过失误差的测量值称为坏值，应在整理数据时依据相关的准则加以剔除。

综上所述，我们可以认为系统误差和过失误差总是可以设法避免的，而随机误差是不可避免的，因此最好的实验结果应该只含有偶然误差。

2.3 误差的表示方法

（1）绝对误差 $D(x)$。测量值 x 与其真值 A 之差的绝对值称为绝对误差，其表达式为：

$$D(x) = |x - A| \tag{2-6}$$

在工程计算中，真值常用算术平均值 $\bar{x}$ 或相对真值代替。相对真值指使用高精度级的标准仪器所测量的值。故绝对误差又可表示为：

$$D(x) = |x - \bar{x}| \tag{2-7}$$

（2）相对误差 $E_r(x)$。绝对误差与真值之比称为相对误差，其表达式为：

$$E_r(x) = \frac{D(x)}{|A|} \tag{2-8}$$

与绝对误差一样，其真值也常用算术平均值 $\bar{x}$ 代替，故相对误差又可表示为：

$$E_r(x) = \frac{D(x)}{|\bar{x}|} \tag{2-9}$$

相对误差可以清楚地反映出测量的准确程度。相对误差常用百分数或千分数表示。因此不同物理量的相对误差可以互相比较，相对误差与被测量值的大小及绝对误差的数值都有关系。

（3）算术平均误差 δ。算术平均误差是表示误差的较好方法，n 次测量值的算术平均误差为：

$$\delta = \frac{\sum_{i=1}^{n} d_i}{n} = \frac{\sum_{i=1}^{n} |x_i - \bar{x}|}{n}, \quad i = 1,2,\cdots,n \qquad (2-10)$$

式中，n ——观测次数；

d_i ——测量值与平均值的偏差，$d_i = x_i - \bar{x}$。

算术平均误差的缺点是无法表示出各次测量间彼此符合的情况。

（4）标准误差 σ。标准误差也称为均方根误差，其表达式为：

$$\sigma = \sqrt{\frac{\sum_{i=1}^{n} d_i^2}{n}} = \sqrt{\frac{\sum_{i=1}^{n} (x_i - \bar{x})^2}{n}} \qquad (2-11)$$

标准误差对一组测量中的较大误差或较小误差比较敏感，故标准误差可较好地表示精确度。

上式适用无限次测量的场合。实际测量中，测量次数是有限的，改写为：

$$\sigma = \sqrt{\frac{\sum_{i=1}^{n} (x_i - \bar{x})^2}{n-1}} \qquad (2-12)$$

标准误差不是一个具体的误差，σ 的大小只说明在一定条件下等精度测量集合所属的任一次测量值对其算术平均值的分散程度。如果 σ 的值小，说明该测量集合中相应小的误差就占优势，任一次测量值对其算术平均值的分散度就小，测量的可靠性就高。

上述的各种误差表示方法中，不论是比较各种测量的精度或是评定测量结果的质量，均以相对误差和标准误差表示为佳，而在文献中标准误差更常被采用。

2.4 精密度、正确度和精确度（准确度）

测量的质量和水平，可用误差的概念来描述，也可用准确度等概念来描述。国内外文献所用的名词、术语颇不统一，精密度、正确度、精确度这几个术语的使用一向比较混乱。近年来趋于一致的多数意见是：

（1）精密度（Precision）。精密度可以衡量某些物理量几次测量之间的一致性，即重复性，它可以反映随机误差大小的程度。

（2）正确度（Correctness）。正确度指在规定条件下，测量中所有系统误差的综合，它可以反映系统误差大小的程度。

（3）准确度（Accuracy）。准确度又称精确度，指测量结果与真值偏离的程度，它可以反映系统误差和随机误差综合大小的程度。

为说明它们间的区别，往往用打靶来做比喻。如图 2－1 所示，A 的系统误差小而随机误差大，即正确度高而精密度低；B 的系统误差大而偶然误差小，即正确度低而精密度高；C 的系统误差和随机误差都小，表示准确度高。当然实验测量中没有像靶心那样的明确真值，而是设法去测定这个未知的真值。

对于实验测量来说，精密度高，正确度不一定高。正确度高，精密度也不一定高。但准确度高，必然是精密度与正确度都高。

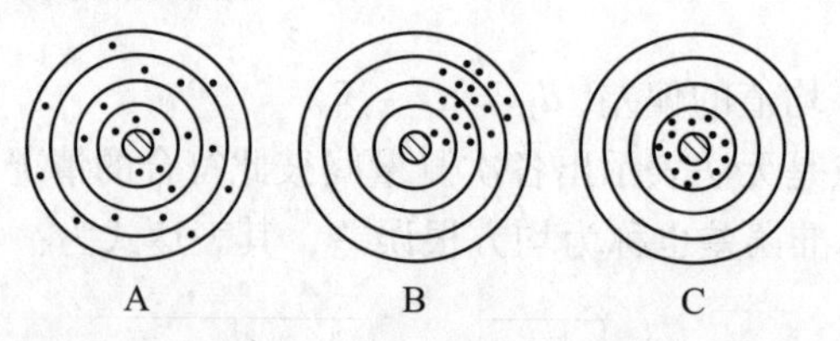

图 2－1　精密度、正确度、精确度的含义

2.5　误差的处理方法

（1）系统误差。系统误差的修正是不能依靠误差理论来解决的，而是要在掌握物理量的测定方法、测定原理的基础上来校正系统误差。分析和处理系统误差的关键，首先在于如何发现测量数据中存在显著的系统误差，从而进一步设法将它消除或加以校正。

系统误差可分为恒定系统误差和可变系统误差两大类。其简易判别方法有观察法、比较法等。常用的消除或减小系统误差的方法有根源消除法、修正消除法、代替消除法、异号消除法、交换消除法、对称消除法、半周期消除法、回归消除法等。对系统误差能否处理得当，在很大程度上取决于对测量技术掌握的熟悉程度，以及分析各种测量技术问题的丰富经验。关于系统误差的消除、校正以及消除程度的判别准则，请参考有关专业书籍。

（2）随机误差。在实验测量过程中，随机误差是不可避免的。如何从含有随机误差的实验数据中确定出最可靠的测量结果，这是实验数据处理的一个基本问题。

随机误差大多数情况下服从正态分布，具有单峰性、有界性、对称性和抵偿性。抵偿性指的是随测量次数无限增加，误差平均趋向于零，这是随机误差最本质的统计特性。换言之，凡是有抵偿性的误差，原则上均按随机误差处理。根据随机误差的统计规律，常可用算术平均值及其标准偏差等来表示测量结果。

（3）过失误差。在整理实验数据时，往往会发现几个偏差特别大的数据，若保留它，则对平均值及随机误差都有很大的影响，但也不能随意舍弃。如果这些数据是由于测量中的误差产生的，通常称其为可疑值或坏值，必须将其删除；如果这些数据是由随机误差产生的，并不属于坏值，则不能将其删除。

发现和剔除过失误差的首要方法是从技术上和物理上找出产生异常值的原因，若在实验后仍不能确定数据中是否含有过失误差，这时可采用统计方法判别。统计方法基本思想是：给定一个显著性水平，按一定分布确定一个临界值，凡是超过这个界限的误差，就认为它不属于随机的范围，而是过失误差，该数据应予剔除。以下介绍 3 个常用的统计判断准则。

① 3σ 准则。3σ 准则又称拉依达准则，它是以测量次数充分大为前提。在一般情况下，

测量次数都比较少，因此 3σ 准则只能是一个近似准则。

对于某个测量列 $x_i(i=1\sim n)$，若各测量值 x_i 只含有随机误差，根据随机误差正态分布规律，其偏差 d_i 落在 $\pm3\sigma$ 以外的概率约为0.3%。如果在测量列中发现某测量值的偏差大于 3σ，亦即

$$|d_i|>3\sigma \tag{2-13}$$

则可以认为它含有过失误差，应该剔除。

当使用 3σ 准则时，允许一次将偏差大于 3σ 的所有数据剔除，然后再将剩余各个数据重新计算 σ，并再次用 3σ 准则继续剔除超差数据。

这种方法的最大优点是计算简单，应用方便，但当实验点数较少时，则很难将坏点剔除。在 $n\leqslant10$ 情况下，不可能出现 $|d_i|>3\sigma$ 的情况。为此在测量次数较少时，最好不要选用 3σ 准则。

② 格拉布斯准则。1950年格拉布斯（Grubbs）根据顺序统计量的某种分布规律，提出一种判别过失误差的准则。

设对某量作多次独立测量，得一组测量数列 $x_i(i=1\sim n)$，当 x_i 服从正态分布时，可按式（2-1）和式（2-12）计算得 $\bar{x}$、σ。为了检验数列 $x_i(i=1\sim n)$ 中是否存在过失误差，将 x_i 按从小到大顺序排列，即：

$$x_{(1)}\leqslant x_{(2)}\leqslant\cdots\leqslant x_{(n)}$$

格拉布斯给出了 $g_{(1)}$ 和 $g_{(n)}$ 分布：

$$g_{(1)}=\frac{\bar{x}-x_{(1)}}{\sigma} \tag{2-14}$$

$$g_{(n)}=\frac{x_{(n)}-\bar{x}}{\sigma} \tag{2-15}$$

当选定了显著性水平 α，根据实验次数 n，可由表2-1查得相应的临界值 $g_{(0)}(n,\alpha)$。若有

$$g_{(i)}\geqslant g_{(0)}(n,\alpha) \tag{2-16}$$

即判别该测量值含过失误差，应当剔除。

表2-1　格布拉斯临界值 $g_{(0)}$ （n，α）

n	显著性水平 α			n	显著性水平 α		
	0.05	0.025	0.01		0.05	0.025	0.01
3	1.15	1.15	1.15	8	2.03	2.13	2.22
4	1.46	1.48	1.49	9	2.11	2.21	2.32
5	1.67	1.71	1.75	10	2.18	2.29	2.41
6	1.82	1.89	1.94	11	2.23	2.36	2.48
7	1.94	2.02	2.10	12	2.29	2.41	2.55

续表

n	显著性水平 α			n	显著性水平 α		
	0.05	0.025	0.01		0.05	0.025	0.01
13	2.33	2.46	2.61	22	2.60	2.76	2.94
14	2.37	2.51	2.66	23	2.62	2.78	2.96
15	2.41	2.55	2.71	24	2.64	2.80	2.99
16	2.44	2.59	2.75	25	2.66	2.82	3.01
17	2.47	2.62	2.79	30	2.75	2.91	3.10
18	2.50	2.65	2.82	35	2.82	2.98	3.18
19	2.53	2.68	2.85	40	2.87	3.04	3.24
20	2.56	2.71	2.88	45	2.92	3.09	3.29
21	2.58	2.73	2.91	50	2.96	3.13	3.34

③ t 检验准则。由数学统计理论证明，在测量次数较少时，随机变量服从 t 分布，t 分布不仅与测量值有关，还与测量次数 n 有关，当 $n>10$ 时 t 分布就很接近正态分布了。所以当测量次数较少时，依据 t 分布原理的 t 检验准则来判别过失误差较为合理。t 检验准则的特点是先剔除一个可疑的测量值，而后再按 t 分布检验准则确定该测量值是否应该被删除。

设对某一物理量作多次测量，得测量列 $x_i(i=1\sim n)$，若认为其中测量值 x_j 为可疑数据，将它剔除后计算平均值为（计算时不包括 x_j）：

$$\bar{x} = \frac{1}{n-1}\sum_{\substack{i=1 \\ i\neq j}}^{n} x_i \tag{2-17}$$

求得的测量列的标准误差 σ（不包括 $d_j = x_j - \bar{x}$）为：

$$\sigma = \sqrt{\frac{1}{n-2}\sum_{\substack{i=1 \\ i\neq j}}^{n} d_i^2} \tag{2-18}$$

根据测量次数 n 和选取的显著性水平 α，即可由表 2－2 查得 t 检验系数 $K(n,\alpha)$，若有

$$|x_j - \bar{x}| > K(n,\alpha)\sigma \tag{2-19}$$

则认为测量值 x_j 含有过失误差，剔除 x_j 是正确的，否则，认为 x_j 不含有过失误差，应当保留。

表 2－2　　t 检验分布 $K(n,\alpha)$ 表

n	显著性水平 α		n	显著性水平 α	
	0.05	0.01		0.05	0.01
4	4.97	11.46	6	3.04	5.04
5	3.56	6.53	7	2.78	4.36

续表

n	显著性水平 α		n	显著性水平 α	
	0.05	0.01		0.05	0.01
8	2.62	3.96	20	2.16	2.95
9	2.51	3.71	21	2.15	2.93
10	2.43	3.54	22	2.14	2.91
11	2.37	3.41	23	2.13	2.90
12	2.33	3.31	24	2.12	2.88
13	2.29	3.23	25	2.11	2.86
14	2.26	3.17	26	2.10	2.85
15	2.24	3.12	27	2.10	2.84
16	2.22	3.08	28	2.09	2.83
17	2.20	3.04	29	2.09	2.82
18	2.18	3.01	30	2.08	2.81
19	2.17	3.00			

在上述3个准则中，t 检验准则一般用于测量次数很少的场合；3σ 准则适用于测量次数较多的数列，但由于它使用简便，又不需要查表，所以对测量次数比较少但要求又不高的场合，还是经常使用的。

2.6 仪表的精确度与测量值的误差

（1）电工仪表等一些仪表的精确度与测量误差。这些仪表的精确度常采用仪表的最大引用误差和精确度的等级来表示。仪表的最大引用误差的定义为：

$$\text{最大引用误差} = \frac{\text{仪表显示值的绝对误差}}{\text{该仪表相应档次量程的绝对值}} \times 100\% \tag{2-20}$$

式中，仪表显示值的绝对误差指在规定的情况下，被测参数的测量值与被测参数的标准值之差的绝对值的最大值。对于多档仪表，不同档次显示值的绝对误差和量程范围均不相同。式（2－20）表明，若仪表显示值的绝对误差相同，则量程范围愈大，最大引用误差愈小。

我国电工仪表的精确度等级有7种：0.1，0.2，0.5，1.0，1.5，2.5和5.0。如某仪表的精确度等级为2.5级，则说明此仪表的最大引用误差为2.5%。

在使用仪表时，如何估算某一次测量值的绝对误差和相对误差？

设仪表的精确度等级为 P 级，其最大引用误差为 $P\%$。若仪表的测量范围为 x_n，仪表的示值为 x_i，则由式（2－20）得该示值的误差为：

$$绝对误差\ D(x) \leqslant x_n \times P\%,\ 相对误差\ E_r(x) = \frac{D(x)}{x_i} \leqslant \frac{x_n}{x_i} \times P\% \qquad (2-21)$$

式（2－21）表明：

① 若仪表的精确度等级 P 和测量范围 x_n 已固定，则测量的示值 x_i 愈大，测量的相对误差愈小。

② 选用仪表时，不能盲目地追求仪表的精确度等级，因为测量的相对误差还与 $\frac{x_n}{x_i}$ 有关，而应兼顾仪表的精确度等级和 $\frac{x_n}{x_i}$ 两者。

（2）天平类仪器的精确度和测量误差。若不知道仪器的精确度等级，如天平类，这类仪器的精确度用以下公式来表示：

$$仪器的精确度 = \frac{0.5 \times 名义分度值}{量程的范围} \qquad (2-22)$$

式中，名义分度值指测量时读数有把握正确的最小分度单位，即每个最小分度所代表的数值。例如 TG—328A 型天平，其名义分度值（感量）为 0.1mg，测量范围为 0～200g，则其

$$精确度 = \frac{0.5 \times 0.1}{(200-0) \times 10^3} = 2.5 \times 10^{-7}$$

若仪器的精确度已知，也可用式（2－22）求得其名义分度值。使用这些仪器时，测量的误差可用下式来确定：

$$绝对误差 \leqslant 0.5 \times 名义分度值,\ 相对误差 \leqslant \frac{0.5 \times 名义分度值}{测量值} \qquad (2-23)$$

（3）测量值的实际误差。用上述方法所确定的测量误差，一般总是比测量值的实际误差小得多。这是因为仪器没有调整到理想状态，如不垂直、不水平、零位没有调整好等，会引起误差；仪表的实际工作条件不符合规定的正常工作条件，会引起附加误差；仪器经过长期使用后，零件发生磨损，装配状况发生变化等，会引起误差；操作者的习惯和偏向会引起误差；仪表所感受的信号实际上可能并不等于待测的信号、仪表电路可能会受到干扰等也会引起误差。

总之，测量值实际误差大小的影响因素是很多的。为了获得较准确的测量结果，需要有较好的仪器，也需要有科学的态度和方法，以及扎实的理论知识和实践经验。

2.7 间接测量中的误差传递

在许多实验和研究中，所得到的结果有时不是用仪器直接测量得到的，而是要把实验现场直接测量的值代入一定的关系式中，通过计算才能求得所需要的结果，即间接测量值。例如 $Re = du\rho/\mu$ 就是间接测量值。由于直接测量值总有一定的误差，因此它们必然引起间接

测量值也有一定的误差，也就是说直接测量误差不可避免地传递到间接测量值中去，而产生间接测量误差。

从数学中知道，当间接测量值 y 与直接值测量值 $x_1,x_2,\cdots,x_n$ 有函数关系时，即：

$$y = f(x_1,x_2,\cdots,x_n) \tag{2-24}$$

则其微分式为：

$$\mathrm{d}y = \frac{\partial y}{\partial x_1}\mathrm{d}x_1 + \frac{\partial y}{\partial x_2}\mathrm{d}x_2 + \cdots + \frac{\partial y}{\partial x_n}\mathrm{d}x_n \tag{2-25}$$

$$\frac{\mathrm{d}y}{y} = \frac{1}{f(x_1,x_2,\cdots,x_n)}\left[\frac{\partial y}{\partial x_1}\mathrm{d}x_1 + \frac{\partial y}{\partial x_2}\mathrm{d}x_2 + \cdots + \frac{\partial y}{\partial x_n}\mathrm{d}x_n\right] \tag{2-26}$$

根据式（2-25）和式（2-26），当直接测量值的误差（$\Delta x_1,\Delta x_2,\cdots,\Delta x_n$）很小，并且考虑到最不利的情况，应是误差累积和取绝对值，则可求间接测量值的误差 Δy 或 $\Delta y/y$：

$$\Delta y = \left|\frac{\partial y}{\partial x_1}\right|\cdot|\Delta x_1| + \left|\frac{\partial y}{\partial x_2}\right|\cdot|\Delta x_2| + \cdots + \left|\frac{\partial y}{\partial x_n}\right|\cdot|\Delta x_n| \tag{2-27}$$

$$E_r = \frac{\Delta y}{y} = \frac{1}{f(x_1,x_2,\cdots,x_n)}\left(\left|\frac{\partial y}{\partial x_1}\right|\cdot|\Delta x_1| + \left|\frac{\partial y}{\partial x_2}\right|\cdot|\Delta x_2| + \cdots + \left|\frac{\partial y}{\partial x_n}\right|\cdot|\Delta x_n|\right) \tag{2-28}$$

这两个式子就是由直接测量误差计算间接测量误差的误差传递公式。对于标准误差的传递则有：

$$\sigma_y = \sqrt{\left(\frac{\partial y}{\partial x_1}\right)^2\sigma_{x_1}^2 + \left(\frac{\partial y}{\partial x_2}\right)^2\sigma_{x_2}^2 + \cdots + \left(\frac{\partial y}{\partial x_n}\right)\sigma_{x_n}^2} \tag{2-29}$$

式中，$\sigma_{x_1},\sigma_{x_2},\cdots,\sigma_{x_n}$ ——直接测量的标准误差；

σ_y ——间接测量值的标准误差。

式（2-29）在有关资料中称之为“几何合成”或“极限相对误差”。现将计算函数的误差的各种关系式列于表 2-3。

表 2-3　某些函数式的误差传递公式

函数式	误差传递公式	
	最大绝对误差	最大相对误差 $E_r(y)$
$y = x_1 + x_2 + \cdots + x_n$	$\Delta y = \pm(\|\Delta x_1\| + \|\Delta x_2\| + \cdots + \|\Delta x_n\|)$	$E_r(y) = \frac{\Delta y}{y}$
$y = x_1 - x_2$	$\Delta y = \pm(\|\Delta x_1\| + \|\Delta x_2\|)$	$E_r(y) = \frac{\Delta y}{y}$
$y = x_1 x_2$	$\Delta y = \pm(\|x_1\Delta x_2\| + \|x_2\Delta x_1\|)$	$E_r(y) = \pm\left(\left\|\frac{\Delta x_1}{x_1}\right\| + \left\|\frac{\Delta x_2}{x_2}\right\|\right)$

续表

函数式	误差传递公式	
	最大绝对误差	最大相对误差 $E_r(y)$
$y = x_1 x_2 x_3$	$\Delta y = \pm(\lvert x_1 x_2 \Delta x_3\rvert + \lvert x_1 x_3 \Delta x_2\rvert + \lvert x_2 x_3 \Delta x_1\rvert)$	$E_r(y) = \pm\left(\left\lvert\frac{\Delta x_1}{x_1}\right\rvert + \left\lvert\frac{\Delta x_2}{x_2}\right\rvert + \left\lvert\frac{\Delta x_3}{x_3}\right\rvert\right)$
$y = x^n$	$\Delta y = \pm\lvert n x^{n-1} \Delta x\rvert$	$E_r(y) = \pm n\left\lvert\frac{\Delta x}{x}\right\rvert$
$y = \sqrt[n]{x}$	$\Delta y = \pm\left\lvert\frac{1}{n} x^{\frac{1}{n}-1} \Delta x\right\rvert$	$E_r(y) = \pm\left\lvert\frac{1}{n}\frac{\Delta x}{x}\right\rvert$
$y = \frac{x_1}{x_2}$	$\Delta y = \pm\left(\frac{x_2 \Delta x_1 + x_1 \Delta x_2}{x_2^2}\right)$	$E_r(y) = \pm\left(\left\lvert\frac{\Delta x_1}{x_1}\right\rvert + \left\lvert\frac{\Delta x_2}{x_2}\right\rvert\right)$
$y = cx$	$\Delta y = \pm\lvert c \Delta x\rvert$	$E_r(y) = \pm\left\lvert\frac{\Delta x}{x}\right\rvert$
$y = \lg x$	$\Delta y = \pm\left\lvert\frac{0.43429}{x}\Delta x\right\rvert$	$E_r(y) = \frac{\Delta y}{y}$
$y = \ln x$	$\Delta y = \pm\left\lvert\frac{\Delta x}{x}\right\rvert$	$E_r(y) = \frac{\Delta y}{y}$

2.8 误差分析在阻力实验中的具体应用

误差分析除用于计算测量结果的精确度外，还可以对具体的实验设计先进行误差分析，在找到误差的主要来源及每一个因素所引起的误差大小后，对实验方案和选用仪器仪表提出有益的建议。

例 2-1 现需在 Dg6（公称径为 6mm）的小铜管中进行阻力实验，因铜管内径太小，不能采用一般的游标卡尺测量，而是采用体积法进行直径间接测量。截取高度为 400mm（绝对误差 ±0.5mm）的管子，测量这段管子中水的容积，从而计算管子的平均内径。测量的量具为移液管，其体积刻度线准确，而且它的系统误差可以忽略。体积测量 3 次，分别为 11.31、11.26、11.30（ml）。求体积的算术平均值 $\bar{x}$、平均绝对误差 $D(x)$、相对误差 $E_r(x)$。

解： 算术平均值：$\bar{x} = \frac{\sum x_i}{n} = \frac{11.31 + 11.26 + 11.30}{3} = 11.29$

平均绝对误差：$D(x) = \frac{\lvert 11.29 - 11.31\rvert + \lvert 11.29 - 11.26\rvert + \lvert 11.29 - 11.30\rvert}{3}$

$= 0.02$

相对误差：$E_r(x) = \frac{D(x)}{\lvert\bar{x}\rvert} = \frac{0.02}{11.29} \times 100\% = 0.18\%$

例 2－2 本教材“8.1 流体流动阻力实验”中测定摩擦系数 λ 使用的管为直径 8mm 的不锈钢管，测压点间距 $l=1.7$m，现准备将层流管改为例 2－1 所述的 Dg6 的小铜管，测压点间距不变，采用 500ml 的量筒测其流量。希望在 $Re=2000$ 时，摩擦系数 λ 的精确度不低于 4.5%，问改用铜管后，是否能满足 λ 的精确度要求？测压点间距是否需要调整？采用 500ml 的量筒测其流量误差是否在合理范围内？

解： λ 的函数形式是：$\lambda=\dfrac{2g\pi^2}{16}\cdot\dfrac{d^5(R_1-R_2)}{lV_s^2}$

式中，R_1、R_2 ——被测量段两点间的表压（液柱）读数值，mH_2O；

V_s ——流量，m^3/s；

l ——被测量段长度，m。

相对误差：

$$E_r(\lambda)=\frac{\Delta\lambda}{\lambda}=\pm\sqrt{\left[5\left(\frac{\Delta d}{d}\right)\right]^2+\left[2\left(\frac{\Delta V_s}{V_s}\right)\right]^2+\left(\frac{\Delta l}{l}\right)^2+\left(\frac{\Delta R_1+\Delta R_2}{R_1-R_2}\right)^2}\times 100\%$$

要求 $E_r(\lambda)<4.5\%$，由于 $\dfrac{\Delta l}{l}$ 所引起的误差小于 $\dfrac{E_r(\lambda)}{10}$，故可以略去不考虑。剩下 3 项分误差，可按等效法进行分配，每项分误差和总误差的关系为：

$$E_r(\lambda)=\sqrt{3m_i^2}=4.5\%$$

每项分误差 $m_i=\dfrac{4.5}{\sqrt{3}}\%=2.6\%$。

（1）流量项的分误差 m_1 估计。首先确定 V_s 值：

$$V_s=Re\frac{d\mu\pi}{4\rho}=2000\times\frac{0.008\times10^{-3}\times\pi}{4\times1000}=1\times10^{-5}m^3/s=10ml/s$$

这么小的流量可以采用 500ml 的量筒测量，量筒系统误差很小，可以忽略，读数误差为 $\Delta V=\pm5$ml，计时用的秒表系统误差也可忽略，开停秒表的随机误差估计为 $\Delta\tau=\pm0.1$s，当 $Re=2000$ 时，若每次测量水量 V 约为 450ml，则需时间 $\tau=48$s 左右。故流量测量最大误差为：

$$\frac{\Delta V_s}{V_s}=\pm\left(\frac{\Delta V}{V}+\frac{\Delta\tau}{\tau}\right)=\pm\left(\frac{5}{450}+\frac{0.1}{48}\right)=\pm(0.011+2.08\times10^{-3})$$

式中具体数字说明 $\dfrac{\Delta V}{V}$ 的误差较大，$\dfrac{\Delta\tau}{\tau}$ 很小可以忽略。因此流量项的分误差为：

$$m_1=2\frac{\Delta V_s}{V_s}=2\times0.011\times100\%=2.2\%$$

没有超过每项分误差范围。

（2）管径项的分误差 m_2。由例 2－1 知道管径 d 可由体积法进行间接测量：

$$V = \frac{\pi}{4}d^2h, \text{则 } d = \sqrt{\frac{V}{h} \times \frac{4}{\pi}}$$

已知管高度 $h = 400$mm，绝对误差为 ±0.5mm。为保险起见，仍采用几何合成法计算 d 的相对误差：

$$\frac{\Delta d}{d} = \frac{1}{2}\left(\frac{\Delta V}{V} + \frac{\Delta h}{h}\right)$$

由例 2－1 计算出 $\frac{\Delta V}{V}$ 的相对误差为 0.18％。再代入具体数值，可得：

$$m_2 = 5\frac{\Delta d}{d} = \frac{5}{2}\left(\frac{\Delta V}{V} + \frac{\Delta h}{h} \times 100\%\right) = \frac{5}{2}\left(0.18\% + \frac{0.5}{400} \times 100\%\right) = 0.8\%$$

也没有超过每项分误差范围。

（3）压差项的分误差 m_3。单管式压差计用分度为 1mm 的尺子测量，系统误差可以忽略，读数随机绝对误差 ΔR 为 ±0.5mm。

$$m_3 = \frac{\Delta R_1 + \Delta R_2}{R_1 - R_2} = \frac{2\Delta R_1}{R_1 - R_2} = \frac{2 \times 0.5}{R_1 - R_2}$$

压差测量值 $R_1 - R_2$ 与两测压点间的距离 l 成正比；则有：

$$R_1 - R_2 = \frac{64}{Re} \cdot \frac{l}{d} \cdot \frac{u^2}{2g} = \frac{64}{2000} \cdot \frac{l}{0.006} \cdot \frac{\left(\frac{9.4 \times 10^{-6}}{0.785 \times 0.006^2}\right)^2}{2g} = 0.03l$$

式中，u 为平均流速（m/s）。

由上式可算出 l 的变化对压差项分误差的影响，见表 2－4。

表 2－4　l 的变化对压差项分误差的影响

l(mm)	$R_1 - R_2$(mm)	$\frac{2\Delta R_1}{R_1 - R_2} \times 100\%$
500	15	6.7
1000	30	3.3
1500	45	2.2
2000	60	1.6

由表 2－4 可见，选用 $l \geq 1500$mm 可满足要求。若实验采用 $l = 1500$mm，其压差项的分误差 m_3 为：

$$m_3 = \frac{\Delta R_1 + \Delta R_2}{R_1 - R_2} = \frac{2\Delta R_1}{R_1 - R_2} = \frac{2 \times 0.5}{0.03 \times 1500} \times 100\% = 2.2\%$$

总误差：

$$E_r(\lambda) = \frac{\Delta\lambda}{\lambda} = \pm\sqrt{m_1^2 + m_2^2 + m_3^2} = \pm\sqrt{(2.2\%)^2 + (0.8\%)^2 + (2.2\%)^2} = \pm 3.2\%$$

通过以上误差分析可知：

（1）改用铜管后，λ 的精确度能满足要求。

（2）测压点的间距不需要调整即可满足要求。若 $l > 1500\text{mm}$，可以使误差进一步减小。

（3）直径项的分误差，虽传递系数较大（等于5），对总误差影响较大，但因选择体积法进行直径间接测量的方案合理，这项测量精确度高，对总误差影响反而下降了。

（4）流量项的分误差在合理的误差范围内，即采用500ml的量筒测流量是合适的，但若改用精确度更高一级的量筒，使读数误差减小，则可以提高实验结果的精确度。

例2－3 试求例2－2实验中，当 $Re = 300$ 时，所测 λ 的相对误差为多少（l 选用1.7m，水温20℃，$R_1 - R_2 = 6.8\text{mm}$，当出水量为450ml时，所需时间为319s）？

解： 由例2－2知 $m_1 = 2.2\%$　　$m_2 = 0.8\%$

$$m_3 = \frac{2\Delta R_1}{R_1 - R_2} = \frac{2 \times 0.5}{6.8} \times 100\% = 14.7\%$$

$$E_r(\lambda) = \pm\sqrt{m_1^2 + m_2^2 + m_3^2} = \pm\sqrt{2.2\%^2 + 0.8\%^2 + 12.3\%^2} = \pm 14.9\%$$

结果表明，由于压差下降，压差测量的相对误差上升，致使 λ 测量的相对误差增大。当 $Re = 300$ 时，λ 的理论值为 $\frac{64}{Re} = 0.213$，如果实验结果与此值有差异（例如 $\lambda = 0.181$ 或 $\lambda = 0.245$），并不一定说明 λ 的测量值与理论值不符，还要看偏差多少。像括号中的这种偏差是测量精密度不高引起的，如果提高压差测量精度或者增加测量次数并取平均值，就有可能与理论值相符。以上例子充分说明了误差分析在实验中的重要作用。

第 3 章

实验数据处理

实验数据处理，就是以测量为手段，以研究对象的概念、状态为基础，以数学运算为工具推断出某测量值的真值，并导出某些具有规律性结论的整个过程。因此对实验数据进行处理，可使人们清楚地观察到各变量之间的定量关系，以便进一步分析实验现象，得出规律，指导生产与设计。数据处理的方法有列表法、图示法和数学方程表示法 3 种。

3.1 列表法

将实验数据按自变量和因变量的关系，以一定的顺序列出数据表，即为列表法。列表法有许多优点，如原始数据记录表会给数据处理带来方便，列出数据使数据易于比较，形式紧凑，同一表格内可以表示几个变量间的关系等。列表通常是整理数据的第一步，为标绘曲线图或整理成数学公式打下基础。

3.1.1 实验数据表的分类

实验数据表一般分为原始数据记录表和整理计算数据表两大类。现以阻力实验测定 $\lambda \sim Re$ 关系为例进行说明。

（1）原始数据记录表。原始数据记录表是根据实验的具体内容设计的，以清楚地记录所有待测数据。该表必须在实验前完成。流体阻力实验原始数据记录表如表 3 - 1 所示。

（2）整理计算数据表。整理计算数据表可细分为中间计算结果表（体现出实验过程主要变量的计算结果）、综合结果表（表达实验过程中得出的结论）和误差分析表（表达实验值与参照值或理论值的误差范围）等，实验报告中要用到几个表，应根据具体实验情况而定。阻力实验整理计算数据表如表 3 - 2 所示，误差分析结果表如表 3 - 3 所示。

表 3-1 流体阻力实验原始数据记录表

实验装置编号：第____套 管径____m 管长____m 平均水温____℃ 实验时间____年____月____日

序号	流量 $V/(l \cdot h^{-1})$	压差计示值				备注
		kPa	cmH_2O			
			左	右	ΔR	
1 2 ⋮ n						

表 3-2 流体阻力实验整理计算数据表

序号	流量 $V/(m^3 \cdot s^{-1})$	平均流速 $u/(m \cdot s^{-1})$	压力损失值 $\Delta p_f/$ kPa	Re	λ	$\lambda \sim Re$ 关系式
1 2 ⋮ n						

表 3-3 流体阻力实验误差分析结果表

$\lambda_{实验}$	$\lambda_{理论}$（$\lambda_{经验}$）	相对误差（%）
1 2 ⋮ n		

3.1.2 设计实验数据表应注意的事项

（1）表格设计要力求简明扼要，一目了然，便于阅读和使用。记录、计算项目要满足实验需要，如原始数据记录表格上方要列出实验装置的几何参数以及平均水温等常数项。

（2）表头列出物理量的名称、符号和计量单位。符号与计量单位之间用斜线“/”隔开。斜线不能重叠使用。计量单位不宜混在数字之中，造成分辨不清。

（3）注意有效数字位数，即记录的数字应与测量仪表的准确度相匹配，不可过多或过少。

（4）物理量的数值较大或较小时，要用科学计数法表示。以“物理量的符号 $\times 10^{\pm n}$ / 计量单位”的形式记入表头。注意：表头中的 $10^{\pm n}$ 与表中的数据应服从下式：

$$物理量的实际值 \times 10^{\pm n} = 表中数据$$

（5）为便于引用，每一个数据表都应在表的上方写明表号和表题（表名）。表号应按出现的顺序编写并在正文中有所交代。同一个表尽量不跨页，必须跨页时，在跨页的表上须注“续表×××”。

（6）数据书写要清楚整齐。修改时宜用单线将错误的划掉，将正确的写在下面。各种实验条件及记录者的姓名可作为“表注”，写在表的下方。

3.2 图示法

实验数据图示法就是将整理得到的实验数据或结果标绘成描述因变量和自变量的依从关系的曲线图。该法的优点是直观清晰，便于比较，容易看出数据中的极值点、转折点、周期性、变化率以及其他特性，准确的图形还可以在不知数学表达式的情况下进行微积分运算，因此得到广泛的应用。

实验曲线的标绘是实验数据整理的第二步，在工程实验中正确作图必须遵循下面介绍的基本原则，才能得到与实验点位置偏差最小而光滑的曲线图形。

3.2.1 选用坐标纸的基本原则

化工原理实验中常用的坐标系为直角坐标系、单对数坐标系和对数坐标系。单对数坐标系如图3-1所示，一个轴是分度均匀的普通坐标轴，另一个轴是分度不均匀的对数坐标轴。对数坐标系如图3-2所示，两个轴都是对数标度。

（1）直角坐标。变量x、y间的函数关系式为：

$$y = a + bx$$

此为直线函数型，将变量x、y标绘在直角坐标纸上得到一直线图形，系数a、b不难由图上求出。

（2）单对数坐标。在下列情况下，建议使用单对数坐标纸：

① 变量之一在所研究的范围内发生了几个数量级的变化。

② 在自变量由零开始逐渐增大的初始阶段，当自变量的少许变化引起因变量极大变化时，采用单对数坐标可使曲线最大变化范围伸长，使图形轮廓清楚。

③ 当需要变换某种非线性关系为线性关系时，可用单对数坐标。如将指数型函数变换为直线函数关系，若变量x、y间存在指数函数型关系，则有：

$$y = ae^{bx}$$

式中，a、b为待定系数。

在这种情况下，若把x、y数据在直角坐标纸上作图，所得图形必为一曲线。若对上式两边同时取对数，则：

$$\log y = \log a + bx\log e$$

令 $\log y = Y, b\log e = k$，则上式变为：

$$Y = \log a + kx$$

经上述处理变成了线性关系，以 $\log y = Y$ 对 x 在直角坐标纸上作图，其图形也是直线。

为了避免对每一个实验数据 y 取对数的麻烦，可以采用单对数坐标纸。因此可以把实验数据标绘在单对数坐标纸上，如为直线的话，其关联式必为指数函数型。

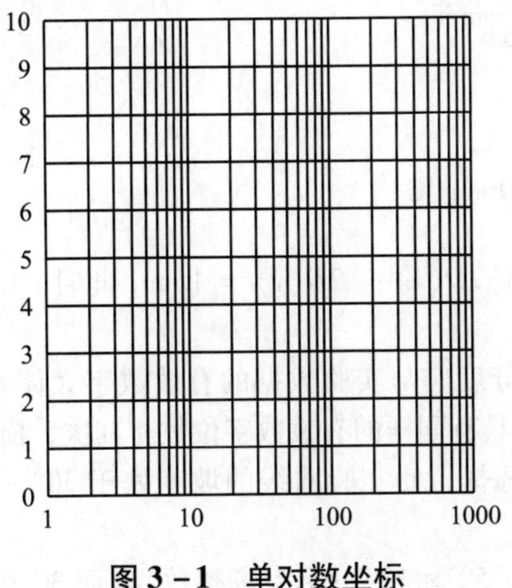

图 3－1　单对数坐标

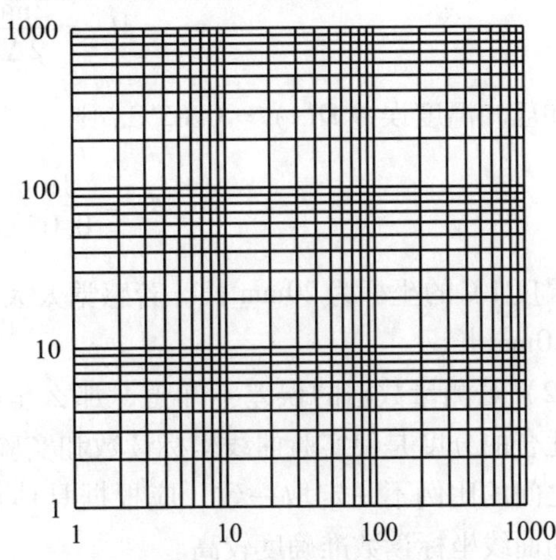

图 3－2　双对数坐标

（3）双对数坐标。在下列情况下，建议使用双对数坐标纸：

① 变量 x、y 在数值上均变化了几个数量级。

② 需要将曲线开始部分划分成展开的形式。

③ 当需要变换某种非线性关系为线性关系时，可用双对数坐标。例如幂函数，变量 x、y 若存在幂函数关系式，则有：

$$y = ax^b$$

式中，a、b 为待定系数。

若直接在直角坐标系上作图必为曲线，为此把上式两边取对数，则：

$$\log y = \log a + b\log x$$

令 $\log y = Y, \log x = X$，则上式变换为：

$$Y = \log a + bX$$

根据上式，把实验数据 x、y 取对数 $\log x = X$、$\log y = Y$ 在直角坐标线上作图也得一条直线。同理，为了解决每次取对数的麻烦，可以把 x、y 直接标在双对数坐标纸上，所得结果完全相同。

3.2.2　坐标分度的确定

坐标分度指每条坐标轴所代表的物理量大小，即选择适当的坐标比例尺。

（1）为了得到良好的图形，在 x、y 的误差 $D(x)$、$D(y)$ 已知的情况下，比例尺的取法应使实验“点”的边长为 $2D(x)$、$2D(y)$（近似于正方形），而且使 $2D(x)=2D(y)=1\sim2\text{mm}$，若 $2D(x)=2D(y)=2\text{mm}$，则它们的比例尺应为：

$$M_y=\frac{2\text{mm}}{2\Delta y}=\frac{1}{\Delta y}\text{mm} \tag{3-1}$$

$$M_x=\frac{2\text{mm}}{2\Delta x}=\frac{1}{\Delta x}\text{mm} \tag{3-2}$$

如已知温度误差 $D(t)=0.05℃$，则：

$$M_t=\frac{1\text{mm}}{0.05℃}=20\text{mm}/℃$$

此时温度1℃的坐标为20mm长。若感觉太大，可取 $2D(x)=2D(y)=1\text{mm}$，此时1℃的坐标为10mm长。

（2）若测量数据的误差不知道，那么坐标的分度应与实验数据的有效数字大体相符，即最适合的分度是使实验曲线坐标读数和实验数据具有同样的有效数字位数。其次，横、纵坐标之间的比例不一定取一致，应根据具体情况选择，使实验曲线的坡度处于30°~60°，这样的曲线坐标读数准确度较高。

（3）推荐使用坐标轴的比例常数 $M=(1、2、5)\times10^{\pm n}$（$n$ 为正整数），而3、6、7、8、9等的比例常数绝不可选用，因为后者的比例常数不但会引起图形的绘制和实验麻烦，而且易引出错误。

3.2.3 图示法应注意的事项

（1）对于两个变量的系统，习惯上选横轴为自变量，纵轴为因变量。在两轴侧要标明变量名称、符号和单位，如离心泵特性曲线的横轴须标明：流量 $Q/(\text{m}^3\cdot\text{h}^{-1})$。尤其是单位，初学者往往因受纯数学的影响而容易忽略。

（2）坐标分度要适当，使变量的函数关系表现清楚。

直角坐标的原点不一定选为零点，应根据所标绘数据范围而定，以使图形占满全幅坐标纸，匀称居中为原则。

对数坐标的原点不是零。标在对数坐标轴上的值是真值，而不是对数值。由于0.01，0.1，1，10，100等数的对数分别为 -2，-1，0，1，2等，所以在对数坐标纸上每一数量级的距离是相等的，但在同一数量级内的刻度并不是等分的，使用时应严格遵循图纸的坐标系，不能随意将其旋转及缩放。

（3）若在同一张坐标纸上同时标绘几组测量值，则各组要用不同符号（如：o，Δ，×等）以示区别。若 n 组不同函数同绘在一张坐标纸上，则在曲线上要标明函数关系名称。

（4）图必须有图号和图题（图名），图号应按出现的顺序编写，并在正文中有所交代，必要时还应有图注。

（5）图线应光滑。利用曲线板等工具将各离散点连接成光滑曲线，并使曲线尽可能通过较多的实验点，或者使曲线以外的点尽可能位于曲线附近，并使曲线两侧的点数大致相等。

3.3 实验数据数学方程表示法

在实验研究中，除了用表格和图形描述变量间的关系外，还常常把实验数据整理成方程式，以描述过程或现象的自变量和因变量之间的关系，即建立过程的数学模型。其方法是将实验数据绘制成曲线，与已知的函数关系式的典型曲线（线性方程、幂函数方程、指数函数方程、抛物线函数方程、双曲线函数方程等）进行对照并选择，然后用图解法或者回归分析法确定函数式中的各种常数。所得函数表达式是否能准确地反映实验数据所存在的关系，应通过检验加以确认。运用计算机将实验数据结果回归为数学方程已成为实验数据处理的主要手段。

数学方程式选择的原则是：既要求形式简单，所含常数较少，同时也希望能准确地表达实验数据之间的关系。但要同时满足两者的条件往往难以做到，通常是在保证必要的准确度的前提下，尽可能选择简单的线性关系或者经过适当方法转换成线性关系的形式，如 3.2.1 所述的幂函数和指数函数转化成线性方程的方法，使数据处理工作得到简单化。

常见函数的典型图形及线性化方法列于表 3－4。

3.3.1 图解法求公式中的常数

当公式选定后，可用图解法求方程式中的常数，本节以幂函数和指数函数、对数函数为例进行说明。

（1）幂函数的线性图解。幂函数 $y = ax^b$ 经线性化后成为 $Y = \log a + bX$（见 3.2.1 所述）。

① 系数 b 的求法。系数 b 即为直线的斜率，如图 3－3 所示的 AB 的斜率。在对数坐标上求取斜率的方法与直角坐标上的求法不同。双对数坐标纸上直线的斜率需要用对数值来计算，或者在两坐标轴比例尺相同情况下直接用尺子在坐标纸上量取线段长度来求取。

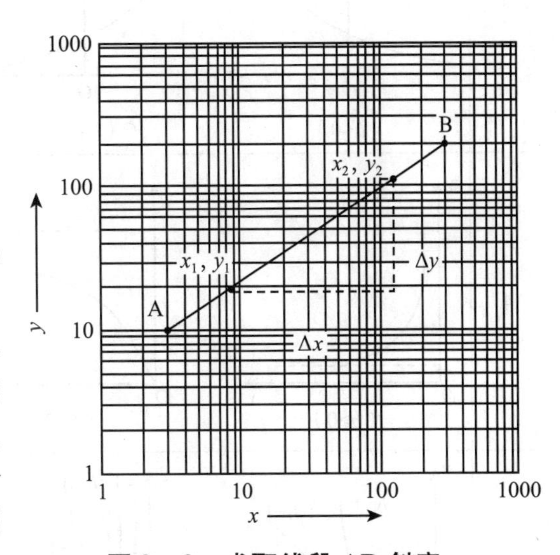

图 3－3 求取线段 AB 斜率

$$b = \frac{\Delta y}{\Delta x} = \frac{\log y_2 - \log y_1}{\log x_2 - \log x_1} \tag{3-3}$$

式中，Δy 与 Δx 的数值即为尺子测量而得的线段长度。

表 3-4 化工中常见的曲线与函数式之间的关系

序号	图形	函数及线性化方法
1	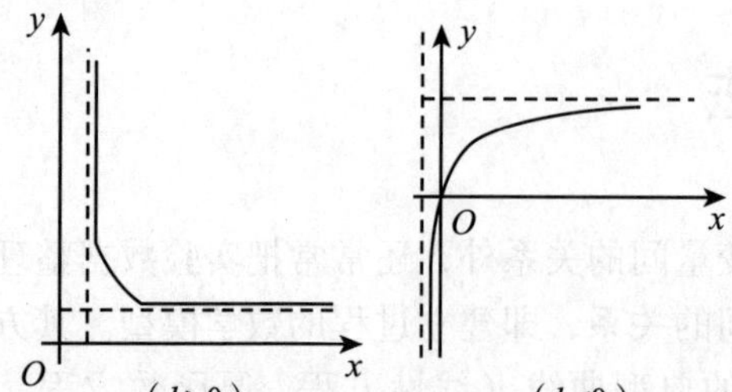 ($b>0$)　($b<0$)	双曲线函数 $y=\dfrac{x}{ax+b}$ 令 $Y=\dfrac{1}{y}, X=\dfrac{1}{x}$, 则得直线方程 $Y=a+bX$
2	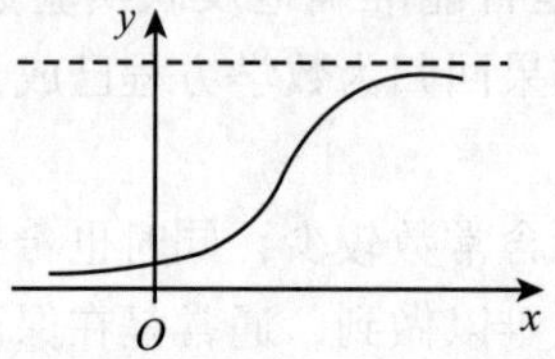	S 形曲线 $y=\dfrac{1}{a+be^{-x}}$ 令 $Y=\dfrac{1}{y}, X=e^{-x}$, 则得直线方程 $Y=a+bX$
3	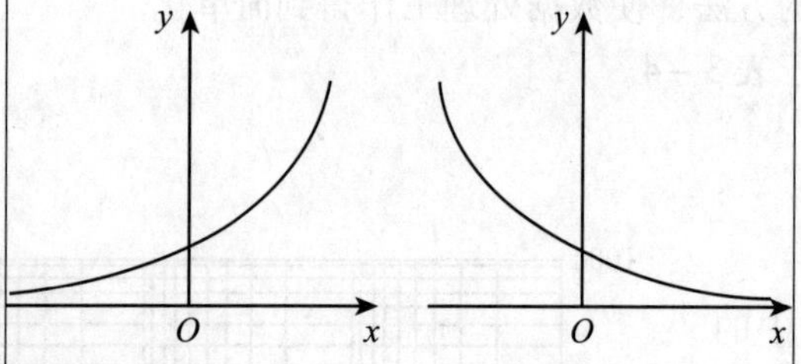 ($b<0$)　($b>0$)	指数函数 $y=ae^{bk}$ 令 $Y=\lg y, X=x, k=b\lg e$, 则得直线方程 $Y=\lg a+kX$
4	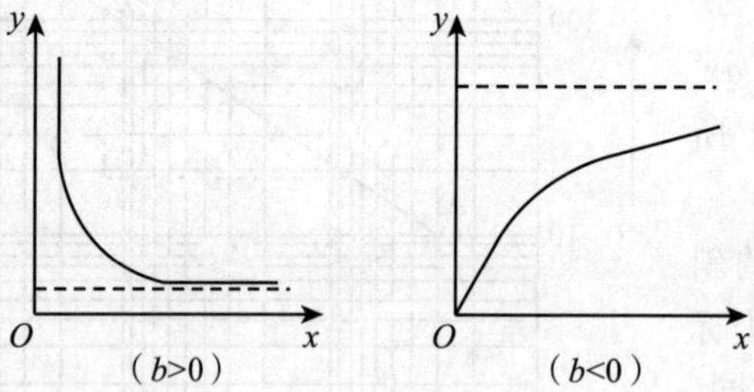 ($b>0$)　($b<0$)	指数函数 $y=ae^{\frac{b}{x}}$ 令 $Y=\lg y, X=\dfrac{1}{x}, k=b\lg e$, 则得直线方程 $Y=\lg a+kX$
5	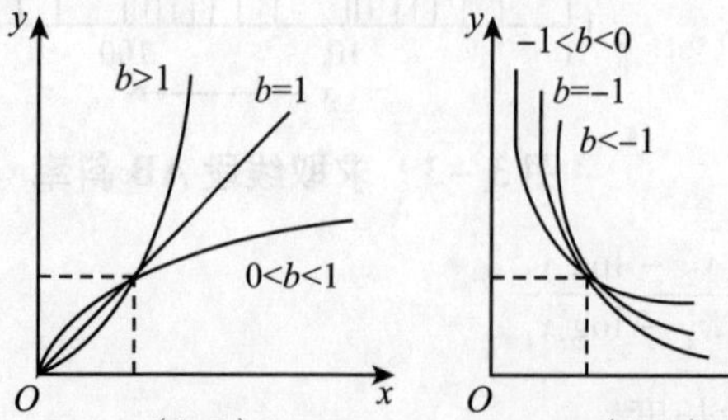 $b>1$, $b=1$, $0<b<1$ ($b>0$)　$-1<b<0$, $b=-1$, $b<-1$ ($b<0$)	幂函数 $y=ax^{b}$ 令 $Y=\lg y, X=\lg x$, 则得直线方程 $Y=\lg a+bX$

续表

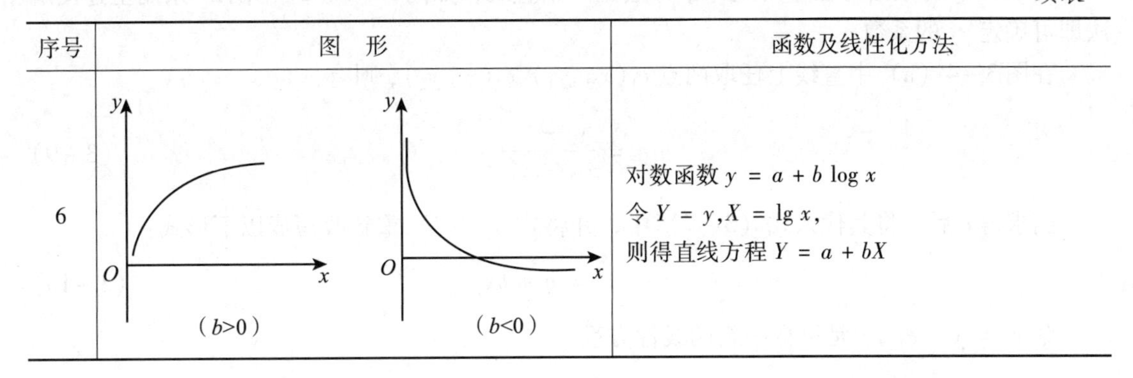

序号	图形	函数及线性化方法
6	y O x （$b>0$） y O x （$b<0$）	对数函数 $y = a + b \log x$ 令 $Y = y, X = \lg x$， 则得直线方程 $Y = a + bX$

② 系数 a 的求法。在双对数坐标上，直线 $x = 1$ 处的纵轴相交处的 y 值，即为方程 $y = ax^b$ 中的 a 值。若所绘的直线在图面上不能与 $x = 1$ 处的纵轴相交，则可在直线上任取一组数值 x 和 y（而不是取一组测定结果数据）和已求出的斜率 b，代入原方程 $y = ax^b$ 中，通过计算求得 a 值。

（2）指数或对数函数的线性图解法。当所研究的函数关系呈指数函数 $y = ae^{bx}$ 或对数函数 $y = a + b \log x$ 时，将实验数据标绘在单对数坐标纸上的图形是一直线。线性化方法见表 3－4 中的序号 3 和 6 的内容。

① 系数 b 的求法。对 $y = ae^{bx}$，线性化为 $Y = \log a + kx$，式中 $k = b\log e$，其纵轴为对数坐标，斜率为：

$$k = \frac{\log y_2 - \log y_1}{x_2 - x_1} \tag{3-4}$$

$$b = \frac{k}{\log e} \tag{3-5}$$

对 $y = a + b \log x$，横轴为对数坐标，斜率为：

$$b = \frac{y_2 - y_1}{\log x_2 - \log x_1} \tag{3-6}$$

② 系数 a 的求法。系数 a 的求法与幂函数中所述方法基本相同，可用直线上任一点处的坐标值和已经求出的系数 b 代入函数关系式后求解。

③ 二元线性方程的图解。若实验研究中，所研究对象的物理量是一个因变量与两个自变量，它们必成线性关系，则可采用以下函数式表示：

$$y = a + bx_1 + cx_2 \tag{3-7}$$

在图解此类函数式时，应首先令其中一自变量恒定不变，例如使 x_1 为常数，则上式可改写成：

$$y = d + cx_2 \tag{3-8}$$

式中，$d = a + bx_1 =$ 常数。

由 y 与 x_2 的数据可在直角坐标中标绘出一条直线，如图 3－4（a）所示。采用上述图解法即可确定 x_2 的系数 c。

在图 3－4（a）中直线上任取两点 $e_1(x_{21},y_1)$，$e_2(x_{22},y_2)$，则有：

$$c = \frac{y_2 - y_1}{x_{22} - x_{21}} \tag{3-9}$$

当求得 c 后，将其代入式（3－7）中，并将式（3－7）重新改写成以下形式：

$$y - cx_2 = a + bx_1 \tag{3-10}$$

令 $y' = y - cx_2$ 于是可得一新的线性方程：

$$y' = a + bx_1 \tag{3-11}$$

由实验数据 y，x_2 和 c 计算得 y'，由 y' 与 x_1 在图 b 中标绘其直线，并在该直线上任取 $f_1(x_{11},y_1')$ 及 $f_2(x_{12},y_2')$ 两点，由 f_1、f_2 两点即可确定 a、b 两个常数。

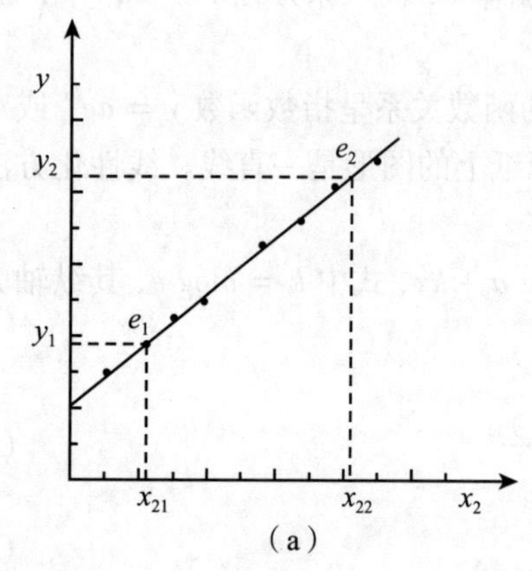

（a）

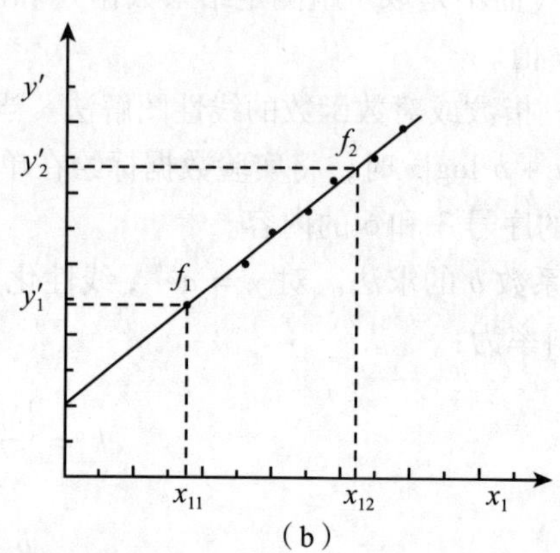

（b）

图 3－4　二元线性方程图解

$$b = \frac{y_2' - y_1'}{x_{12} - x_{11}} \tag{3-12}$$

$$a = \frac{y_1'x_{12} - y_2'x_{11}}{x_{12} - x_{11}} \tag{3-13}$$

应该指出的是，在确定 b、a 时，其自变量 x_1，x_2 应同时改变，才能使其结果覆盖整个实验范围。

薛伍德（Sherwood）利用 7 种不同流体对流过圆形直管的强制对流传热进行研究，并取得大量数据，采用幂函数形式进行处理，其函数形式为：

$$Nu = CRe^m Pr^n \tag{3-14}$$

式中，Nu——努塞尔特（Nusselt）准数；

Re——雷诺（Reynolds）准数；

Pr——普兰特（Prandt）准数；

C、m、n——待定常数。

Nu 随 Re 及 Pr 数而变化，将上式两边取对数，采用变量代换，使之化为二元线性方程形式：

$$\log Nu = \log C + m \log Re + n \log Pr \tag{3-15}$$

令 $y = \log Nu, x_1 = \log Re, x_2 = \log Pr, a = \log C$，上式即可表示为二元线性方程式：

$$y = a + mx_1 + nx_2 \tag{3-16}$$

现将式（3－15）改写为以下形式，确定常数 n（固定变量 Re 值，使 Re = 常数，自变量减少一个）。

$$\log Nu = (\log C + m \log Re) + n \log Pr \tag{3-17}$$

薛伍德固定 $Re = 10^4$，将7种不同流体的实验数据在双对数坐标纸上标绘 Nu 和 Pr 之间的关系，得出 Pr 准数的指数 n，然后按下式图解法求解：

$$\log (Nu/Pr^n) = \log C + m \log Re \tag{3-18}$$

以 Nu/Pr^n 为纵坐标，以 Re 为横坐标，在双对数坐标纸上作图，即可由斜率和截距求出 C 和 m 值。这样，经验公式中的所有待定常数 C、m 和 n 均被确定。

3.3.2 实验数据的回归分析法

在3.3.1中介绍了用图解法获得经验公式的过程。尽管图解法有很多优点，但它的应用范围毕竟很有限。本节将介绍目前在寻求实验数据的变量关系间的数学模型时，应用最广泛的一种数学方法，即回归分析法。用这种数学方法可以从大量观测的散点数据中寻找到能反映事物内部的一些统计规律，并可以用数学模型形式表达出来。回归分析法与计算机相结合，已成为确定经验公式最有效的手段之一。

回归也称拟合。对具有相关关系的两个变量，若用一条直线描述，则称一元线性回归，用一条曲线描述，则称一元非线性回归。对具有相关关系的3个变量，其中一个因变量、两个自变量，若用平面描述，则称二元线性回归，用曲面描述，则称二元非线性回归。依次类推，可以延伸到 n 维空间进行回归，则称多元线性回归或多元非线性回归。处理实验问题时，往往将非线性问题转化为线性来处理，建立线性回归方程的最有效方法为线性最小二乘法。虽然化工原理实验过程中大量遇到的回归问题多为二元以上回归，但因为一元线性回归的概念容易理解，因此本节主要讲述一元线性回归方程的求法，为其他的回归分析学习和用Excel软件进行回归分析打下基础。

3.3.2.1 一元线性回归方程的求法

在科学实验的数据统计方法中，通常要从获得的实验数据（$x_i, y_i, i = 1,2,\cdots,n$）中，寻找其自变量 x_i 与因变量 y_i 之间函数关系 $y = f(x)$。由于实验测定数据一般都存在误差，因此，不能要求所有的实验点均在 $y = f(x)$ 所表示的曲线上，只需满足实验点（x_i, y_i）与 $f(x_i)$ 的残差 $d_i = y_i - f(x_i)$ 小于给定的误差即可。此类寻求实验数据关系近似函数表达式 y =

$f(x)$ 的问题称之为曲线拟合。

曲线拟合首先应针对实验数据的特点，选择适宜的函数形式，确定拟合时的目标函数。例如，在取得两个变量的实验数据之后，若在普通直角坐标纸上标出各个数据点，如果各点的分布近似于一条直线，则可考虑采用线性回归求其表达式。

设给定 n 个实验点 (x_1, y_1)，(x_2, y_2)，…，(x_n, y_n)，其离散点如图 3－5 所示，于是可以利用如下一条直线来代表它们之间的关系：

$$y' = a + bx \tag{3-19}$$

式中，y' ——由回归式算出的值，称回归值；

a, b ——回归系数。

对每一测量值 x_i 可由式（3－21）求出一回归值 y'_i。回归值 y'_i 与实测值 y_i 之差的绝对值 $d_i = |y_i - y'_i| = |y_i - (a + bx_i)|$，它表明 y_i 与回归直线的偏离程度。两者偏离程度愈小，说明直线与实验数据点拟合愈好。$|y_i - y'_i|$ 值代表点 (x_i, y_i) 沿平行于 y 轴方向到回归直线的距离，如图 3－6 上各竖直线 d_i 所示。

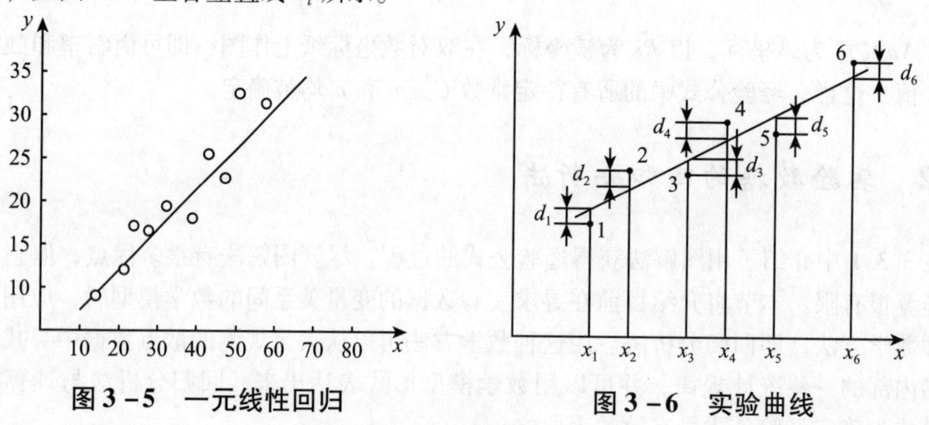

图 3－5　一元线性回归　　**图 3－6　实验曲线**

曲线拟合时应确定拟合时的目标函数。选择残差平方和为目标函数的处理方法即为最小二乘法。此法是寻求实验数据近似函数表达式的更为严格而有效的方法。其定义为：最理想的曲线就是能使各点同曲线的残差平方和为最小。

设残差平方和 Q 为：

$$Q = \sum_{i=1}^{n} d_i^2 = \sum_{i=1}^{n} [y_i - (a + bx_i)]^2 \tag{3-20}$$

式中，x_i、y_i 是已知值，故 Q 为 a 和 b 的函数。为使 Q 值达到最小，根据数学上极值原理，只要将式（3－20）分别对 a 和 b 求偏导数 $\frac{\partial Q}{\partial a}$，$\frac{\partial Q}{\partial b}$，并令其等于零，即可求 a 和 b 之值，这就是最小二乘法原理，即

$$\begin{cases} \dfrac{\partial Q}{\partial a} = -2\sum_{i=1}^{n}(y_i - a - bx_i) = 0 \\ \dfrac{\partial Q}{\partial b} = -2\sum_{i=1}^{n}(y_i - a - bx_i)x_i = 0 \end{cases} \tag{3-21}$$

由式（3－21）可得正规方程：

$$\begin{cases} a + \bar{x}b = \bar{y} \\ n\bar{x}a + (\sum_{i=1}^{n} x_i^2)b = \sum_{i=1}^{n} x_i y_i \end{cases} \tag{3-22}$$

其中

$$\bar{x} = \frac{1}{n}\sum_{i=1}^{n} x_i \quad \bar{y} = \frac{1}{n}\sum_{i=1}^{n} y_i \tag{3-23}$$

解方程（3－22），可得到回归式中的 a（截距）和 b（斜率）：

$$b = \frac{\sum (x_i y_i) - n\bar{x}\ \bar{y}}{\sum x_i^2 - n(\bar{x})^2} \tag{3-24}$$

$$a = \bar{y} - b\bar{x} \tag{3-25}$$

例 3－1 转子流量计标定时得到的读数与流量关系如表 3－5 所示，用最小二乘法求实验方程。

表 3－5　　转子流量计标定时得到的读数与流量关系

读数 x/格	0	2	4	6	8	10	12	14	16
流量 y/（$m^3 \cdot h^{-1}$）	30.00	31.25	32.58	33.71	35.01	36.20	37.31	38.79	40.04

解： $\sum (x_i y_i) = 2668.58, \bar{x} = 8, \bar{y} = 34.9878, \sum x_i^2 = 816$

$$b = \frac{\sum (x_i y_i) - n\bar{x}\ \bar{y}}{\sum x_i^2 - n(\bar{x})^2} = \frac{2668.58 - 9 \times 8 \times 34.9878}{816 - 9 \times 8^2} = 0.623$$

$$a = \bar{y} - b\bar{x} = 34.9878 - 0.623 \times 8 = 30.0$$

$\therefore$ 回归方程为：$y = 30.0 + 0.623x$

3.3.2.2　回归效果的检验

实验数据变量之间的关系具有不确定性，一个变量的每一个值对应的是整个集合值。当 x 改变时，y 的分布也以一定的方式改变。在这种情况下，变量 x 和 y 间的关系就称为相关关系。

在以上求回归方程的计算过程中，并不需要事先假定两个变量之间一定有某种相关关系。就方法本身而论，即使平面图上是一群完全杂乱无章的离散点，也能用最小二乘法给其配一条直线来表示 x 和 y 之间的关系，但显然这是毫无意义的。实际上只有两变量是线性关系时进行线性回归才有意义，因此，必须对回归效果进行检验。

（1）相关系数。我们可引入相关系数 r 对回归效果进行检验，相关系数 r 是说明两个变量线性关系密切程度的一个数量性指标。若回归所得线性方程为 $y' = a + bx$，则相关系数 r 的计算式为（推导过程略）：

$$r = \frac{\sum (x_i - \bar{x})(y_i - \bar{y})}{\sqrt{\sum (x_i - \bar{x})^2 \sum (y_i - \bar{y})^2}} \tag{3-26}$$

r 的变化范围为 $-1 \leqslant r \leqslant 1$，其正、负号取决于 $\sum (x_i - \bar{x})(y_i - \bar{y})$，与回归直线方程的斜率 b 一致。r 的几何意义可用图 3－7 来说明。

当 $r = \pm 1$ 时，即 n 组实验值 (x_i, y_i) 全部落在直线 $y = a + bx$ 上，此时称完全相关，如图 3－7 的中（4）和（5）。

当 $0 < |r| < 1$ 时，代表绝大多数的情况，这时 x 与 y 存在着一定线性关系。当 $r > 0$ 时，散点图的分布是 y 随 x 增加而增加，此时称 x 与 y 正相关，如图 3－7 中的（2）；当 $r > 0$ 时，散点图的分布是 y 随 x 增加而减少，此时称 x 与 y 负相关，如图 3－7 中的（3）；$|r|$ 越小，散点离回归线越远，越分散。当 $|r|$ 越接近 1 时，即 n 组实验值 (x_i, y_i) 越靠近 $y = a + bx$，变量 x 与 y 之间的关系越接近于线性关系。

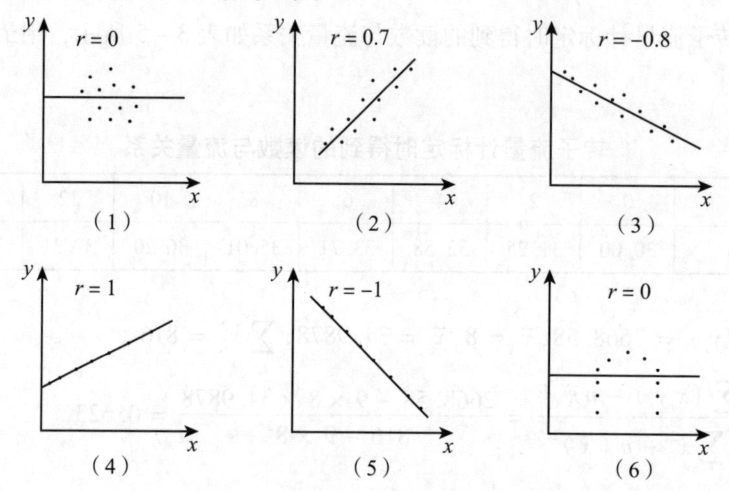

图 3－7　相关系数的几何意义

当 $r = 0$ 时，变量之间就完全没有线性关系了，如图 3－7 中的（1）。应该指出，没有线性关系，并不等于不存在其他函数关系，如图 3－7 中的（6）。

（2）显著性检验。如上所述，相关系数 r 的绝对值愈接近 1，x、y 间愈线性相关。但究竟 $|r|$ 接近到什么程度才能说明 x 与 y 之间存在线性相关关系呢？这就有必要对相关系数进行显著性检验。只有当 $|r|$ 达到一定程度才可以采用回归直线来近似地表示 x、y 之间的关系，此时可以说明相关关系显著。一般来说，相关系数 r 达到使相关显著的值与实验数据的个数 n 有关。因此只有 $|r| > r_{min}$ 时，才能采用线性回归方程来描述其变量之间的关系。r_{min} 值可以从表 3－6 中查出。利用该表可根据实验点个数 n 及显著水平系数 α 查出相应的 r_{min}。显著水平系数 α 一般可取 1% 或 5%。α 越小，显著程度越高。

例 3－2　求例 3－1 中转子流量计标定实验的实际相关系数 r。

解： $n = 9, n - 2 = 7$，查表 3－6 得

$\alpha = 0.01$ 时，$r_{min} = 0.798$；$\alpha = 0.05$ 时，$r_{min} = 0.666$

$\bar{x} = 8, \bar{y} = 34.9878$

$\sum(x_i - \bar{x})(y_i - \bar{y}) = 149.46, \sum(x_i - \bar{x})^2 = 240, \sum(y_i - \bar{y})^2 = 93.12$

$$\therefore r = \frac{\sum(x_i - \bar{x})(y_i - \bar{y})}{\sqrt{\sum(x_i - \bar{x})^2 \sum(y_i - \bar{y})^2}} = \frac{149.46}{\sqrt{240 \times 93.12}} = 0.99976 > 0.798$$

说明此例的相关系数在 $\alpha = 0.01$ 的水平是高度显著的。

表 3-6　　相关系数 r_{min} 检验表

$n-2$ \ α	0.05	0.01	$n-2$ \ α	0.05	0.01
1	0.997	1.000	21	0.413	0.526
2	0.950	0.990	22	0.404	0.515
3	0.878	0.959	23	0.396	0.505
4	0.811	0.917	24	0.388	0.496
5	0.754	0.874	25	0.381	0.487
6	0.707	0.834	26	0.374	0.478
7	0.666	0.798	27	0.367	0.470
8	0.632	0.765	28	0.361	0.463
9	0.602	0.735	29	0.355	0.456
10	0.576	0.708	30	0.349	0.449
11	0.553	0.684	35	0.325	0.418
12	0.532	0.661	40	0.304	0.393
13	0.514	0.641	45	0.288	0.272
14	0.497	0.623	50	0.273	0.354
15	0.482	0.606	60	0.250	0.325
16	0.468	0.590	70	0.232	0.302
17	0.456	0.575	80	0.217	0.283
18	0.444	0.561	90	0.205	0.267
19	0.433	0.549	100	0.195	0.254
20	0.423	0.537	200	0.138	0.181

3.4 用 Microsoft Excel 软件处理实验数据

Excel 软件主要是用来管理、组织和处理各种各样的数据。在化工原理实验中，我们可用它来进行一些实验数据的处理，如可使用公式或函数对数据进行计算，把数据用各种图表的形式直观地表现出来，进行一些数据分析工作等。本节将以过滤实验数据处理为例，对Excel软件的使用方法作一简单的介绍。

例3－3 采用过滤面积为0.025m² 的过滤机，过滤浓度为5%的$CaCO_3$悬浮液。操作压差为0.10MPa，温度为25℃。原始数据如表3－7所示，求过滤常数K。

表3－7 **过滤实验原始数据**

序号	ΔV/ml	$\Delta\tau$/s
1	500	61.2
2	500	69.8
3	500	75.0
4	500	81.3
5	500	90.4
6	500	99.2
7	500	123.7

解题思路：根据恒压过滤方程$q^2+2qq_e=K\tau$，可得

$$\frac{\tau}{q}=\frac{1}{K}q+\frac{2}{K}q_e$$

上式为一直线方程。在直角坐标上标绘$\tau/q \sim q$关系曲线，从所得的直线斜率$1/K$即可求出过滤常数K。根据上述思路，首先要计算出各实验点的累计过滤时间τ及累计滤液量V的数据，并由$q=V/A$计算出各点的q值以及τ/q值，然后标绘$\tau/q \sim q$的关系曲线图求K值，而这些工作均可借助Excel软件来完成。以下简要介绍Excel软件的使用方法。

3.4.1 建立Excel数据表格，输入实验原始数据

启动Excel后，程序将自动打开一个新的工作簿（Book1），并将第一张工作表显示在屏幕上。在工作表上操作的基本单位是单元格，每个单元格以它们的列首字母和行首数字组成地址名字，如A1、B1。在输入数据或使用大部分命令之前，必须先选定要处理的单元格或对象。我们可以在单元格中输入文字、数字、时间或公式，在输入或编辑时，该单元格的内容会同时显示在公式栏中，若输入的是公式，回车前单元格和公式栏中为相同的公式，回车后公式栏中为原公式，而单元格中则为公式计算的结果。

在第一行中输入项目符号和计量单位，在A、B列分别输入相应的实验原始数据，如图3－8所示。

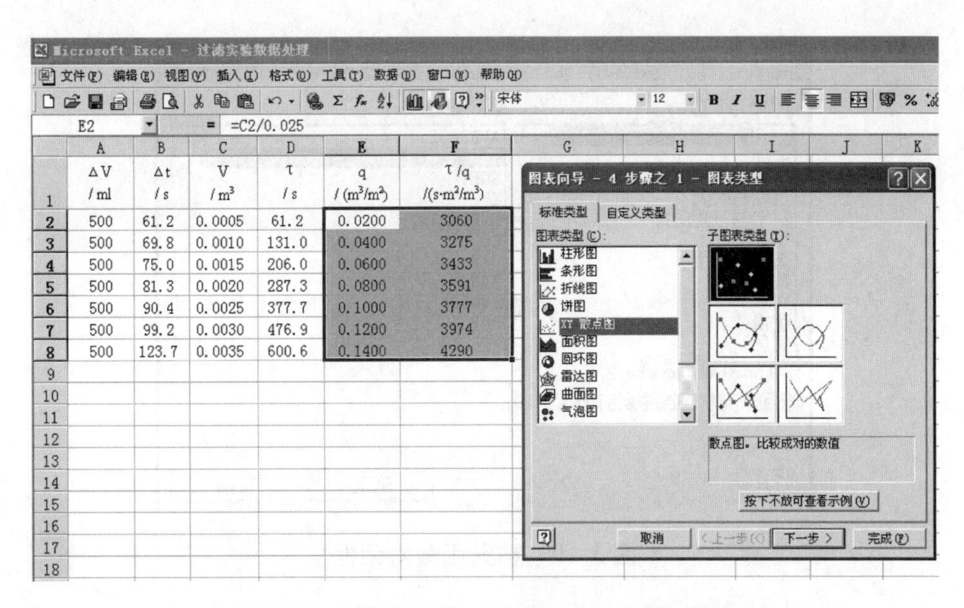

图 3-8　原始数据、计算结果与作图步骤

3.4.2　使用公式和函数进行运算

Excel 有很强的数据计算能力，可以在单元格中输入公式或使用 Excel 提供的函数来完成对工作簿的计算，加法、除法以及比较运算等。

输入公式的操作类似于文字型数据，但公式都是以等号“=”作为开头，然后才是公式的表达式。例如，要在 E2 单元格中计算“C2 ÷ 0.025”的值，首先选中 E2 单元格，然后键入“=”、单击 C2 单元格、键入“/0.025”、回车即可。回车后 E2 单元格出现的是计算结果值 0.0200，公式栏显示的是“=C2/0.025”。若要继续计算 E3 ~ E8 单元格的值，可按如下步骤进行：选中 E2 单元格，按复制按钮，再将 E3 ~ E8 的单元格选中，按粘贴按钮，则 E2 单元格中的公式自动复制到 E3 ~ E8 单元格中，并得到全部计算结果，如图 3-8 所示。

函数可以单独使用，也可以作为较大公式的一部分。使用函数要遵守一定的语法规则。如果公式以一个函数开始，则应像其他公式一样在函数前面加一个等号。括号表示参数开始和结束的位置，参数应事先指定，左右括号必须成对出现。

函数的输入可以采用手工输入或使用“粘贴函数”按钮输入等方法。例如，要对 A2 ~ A8 的数据求和，可在 A9 单元格手工输入“=SUM（A2：A8）”，回车，即可得出结果 3500。为避免在输入过程中键入错误，建议使用“粘贴函数”按钮，该方法可以指导用户一步一步地完成函数的输入。首先选定要输入函数的单元格 A9，然后执行“插入”菜单中“函数”命令，或单击工具栏的“*fx*”按钮，弹出“粘贴函数”对话框，如图 3-9 所示，在“函数分类”表中选择“常用函数”，然后再从“函数名”中选择求和函数 SUM，单击“确定”按钮，弹出如图 3-10 所示的对话框，单击“确定”按钮即完成计算。更快捷的方法是使用工具栏的“Σ”（自动求和）按钮。选定 A9 单元格，单击“Σ”按钮，回车即可，或选定 A2 ~ A8 单元格，单击“Σ”按钮即自动出现计算结果 3500。

粘贴函数

函数分类(C): 函数名(N):

常用函数 AVERAGE
全部 SUM
财务 SQRT
日期与时间 IF
数学与三角函数 HYPERLINK
统计 COUNT
查找与引用 MAX
数据库 SIN
文本 SUMIF
逻辑 PMT
信息

SUM(number1,number2,...)
返回单元格区域中所有数值的和。

确定 取消

图 3-9 粘贴函数对话框

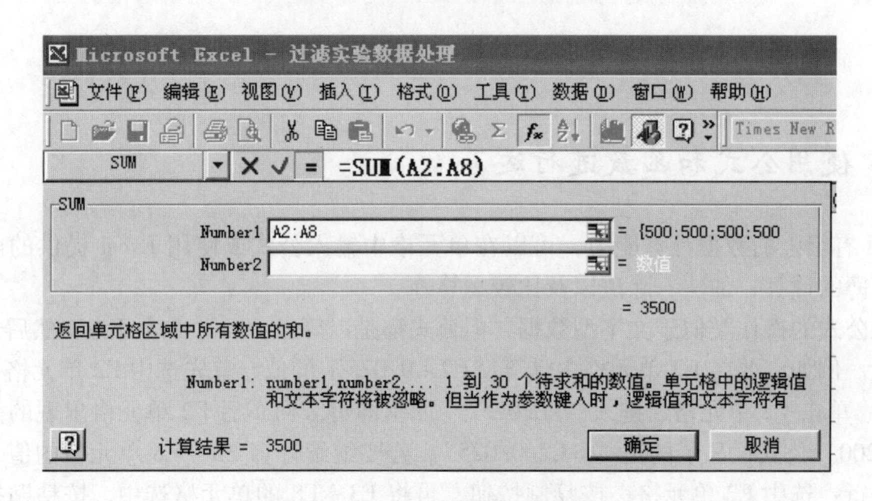

图 3-10 求和函数对话框

3.4.3 建立图表

图表是工作表数据的图形表示。图表可用“插入”菜单中的“图表”命令或工具栏上的“图表向导”按钮来完成。

(1) 制图表之前，先在工作表中选择一要作图的区域，如图 3-8 所示的 E、F 列的数据，然后单击“图表向导”按钮，出现图表向导的“图表类型”对话框。它给出了多种图表类型，在化工原理实验数据处理中，常使用折线图或 XY 散点图，本例选择 XY 散点图。

(2) 单击“下一步”按钮，弹出“图表数据源”对话框，如图 3-11 所示。

(3) 再单击“下一步”按钮，弹出“图表选项”对话框，如图 3-12 所示，根据需要输入相应内容或选择不同的图表设置，如在图表标题栏中输入“过滤实验数据处理”。

(4) 继续单击“下一步”按钮，弹出“图表位置”对话框，如图 3-13 所示，选择图

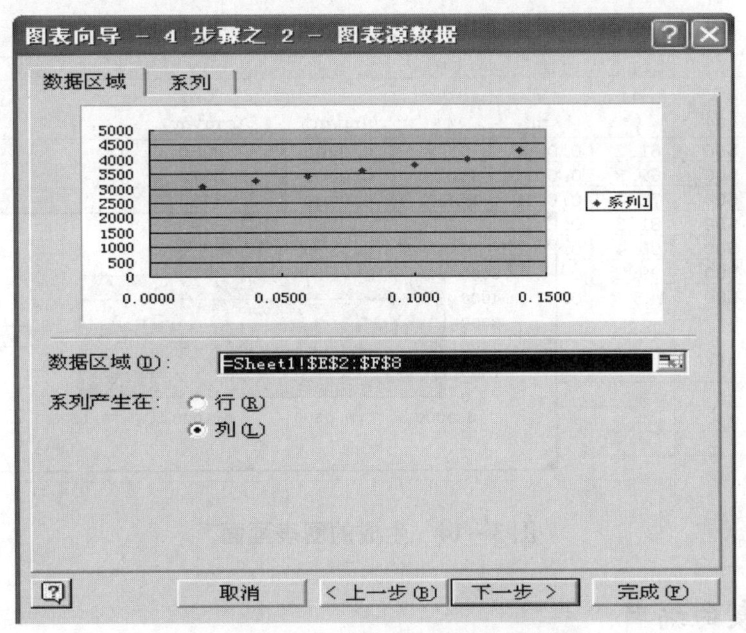

图 3－11　“图表数据源”对话框

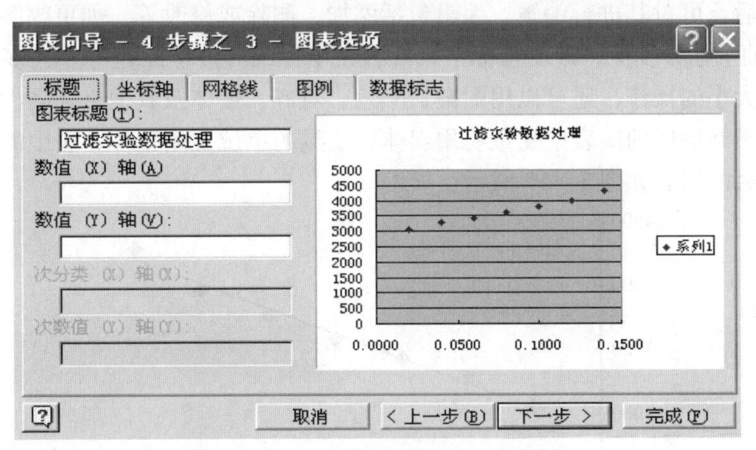

图 3－12　“图表选项”对话框

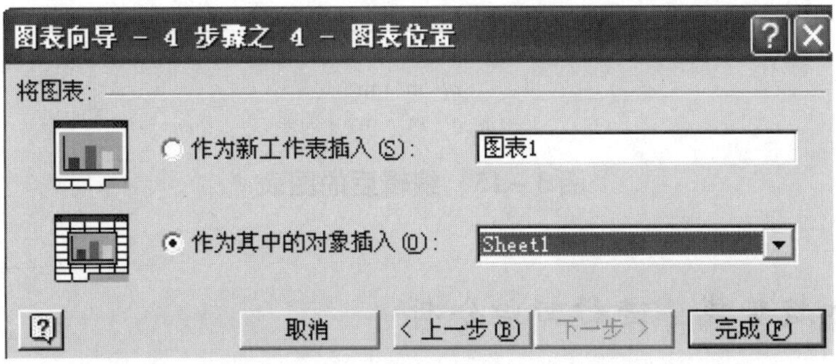

图表向导 － 4 步骤之 4 － 图表位置

将图表：

作为新工作表插入(S)：图表1

作为其中的对象插入(O)：Sheet1

取消　< 上一步(B)　下一步 >　完成(F)

图 3－13　“图表位置”对话框

表插入方式后，单击“完成”按钮，出现图表画面如图 3－14 所示。

	A	B	C	D	E	F	G
1	ΔV / ml	Δt / s	V / m³	τ / s	q / (m³/m²)	τ /q /(s·m²/m³)	
2	500	61.2	0.0005	61.2	0.0200	3060	
3	500	69.8	0.0010	131.0	0.0400	3275	
4	500	75.0	0.0015	206.0	0.0600	3433	
5	500	81.3	0.				
6	500	90.4	0.				
7	500	99.2	0.				
8	500	123.7	0.				
9							
10							
11							
12							
13							
14							
15							

过滤实验数据处理

5000
4000
3000
2000
1000
0
y
0.0000
0.0500
0.1000
0.1500
x
◆系列1

图 3－14　生成的图表画面

3.4.4　图表的编辑

生成图表后，可对其进行编辑。编辑包括添加、删除或修改等，如更改图表标题，重新设置 x 轴、y 轴坐标分度值，改变坐标格式（直角坐标或对数坐标）等。大多数图表项可进行移动或调整大小的操作，还可以用图案、颜色、对齐、字体及其他格式属性来设置这些图表项的格式。最终生成的图表中变量要用斜体，变量的单位要用正体，表中的边框及网格要去掉。经编辑后的图表如图 3－15 所示。

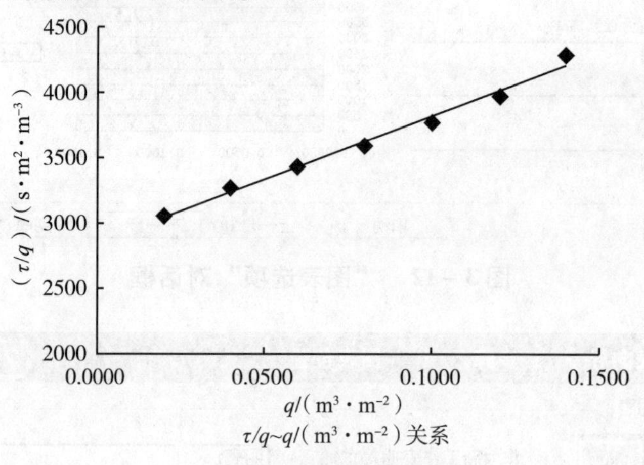

图 3－15　编辑后的图表

3.4.5　添加趋势线，进行回归分析

在生成的图表中单击任一数据点，出现图 3－16 所示的对话框，单击“添加趋势线”

可出现图 3－16 所示的“添加趋势线”对话框。Excel 提供了 5 种回归趋势线：

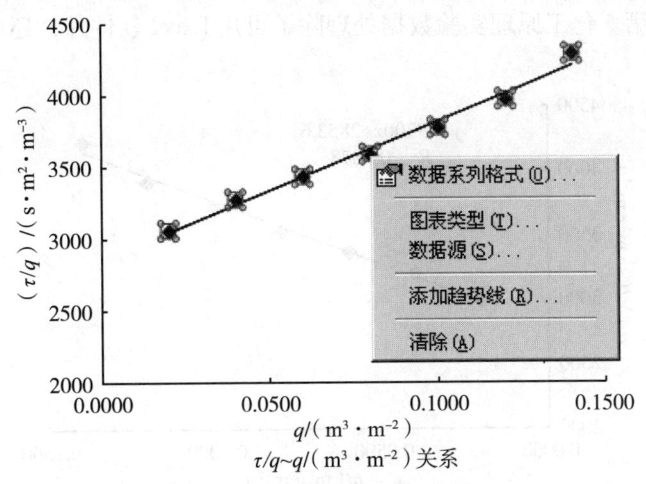

图 3－16　添加趋势线方式

线性：使用线性方程式 $y = mx + b$ 建立趋势线。

对数：使用对数方程式 $y = c \ln x + b$ 建立趋势线。

多项式：使用多项式方程式 $y = b + c_1x + c_2x^2 + \cdots + c_6x^6$ 建立趋势线。

乘幂：使用乘幂方程式 $y = cx^b$ 建立趋势线。

指数：使用指数方程式 $y = ce^{bx}$ 建立趋势线。

在“类型”中选择需要的趋势线类型，本例选择线性。在“选项”中可以给趋势线命名并且指定其他项，本例选择“显示公式”和“显示 R 平方值”。选择完毕，按“确定”，即在图表中添加了趋势线、公式和 R 平方值，如图 3－17 所示。R 平方值可以用来评估趋势线的可行性。

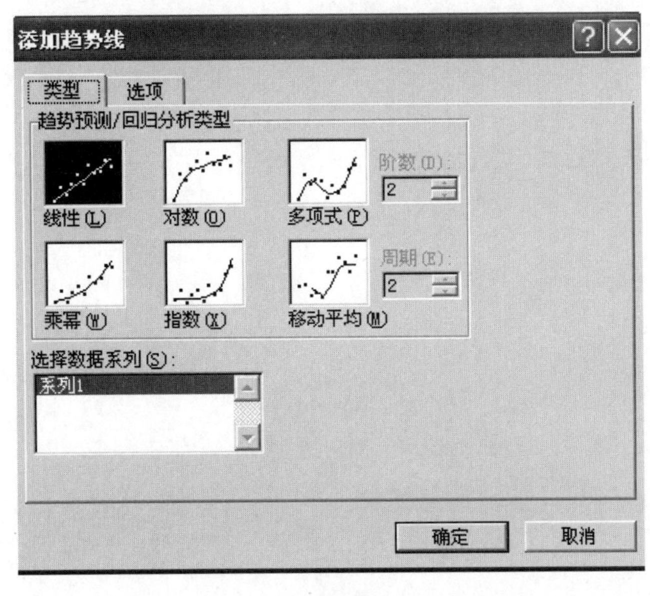

图 3－17　“添加趋势线”对话框

本节仅对用 Excel 进行实验数据处理的过程作一简单的介绍，具体做法可参考 Office 的帮助或查阅相关书籍。化工原理实验数据处理除了可用 Excel 软件外，还可用 Matlab、Origin 等其他软件。

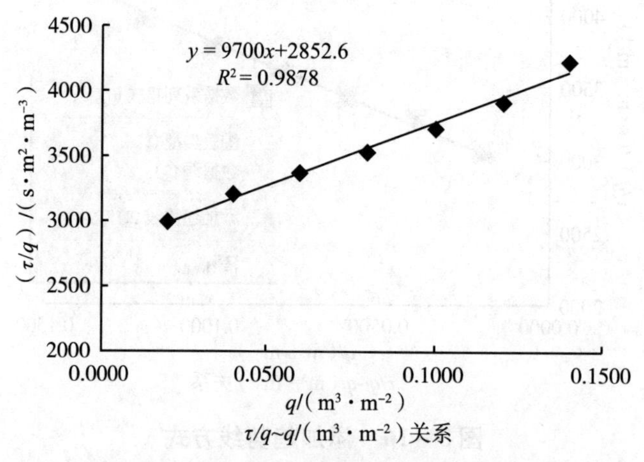

图 3-18 显示趋势线、公式、R^2 值

第 4 章

正交试验设计方法

4.1 试验设计方法概述

试验设计方法就是专门研究合理地制订试验方案和科学地分析试验结果的方法。它属于应用技术学科，任务是以概率论和数理统计为基础，结合专业知识和实践经验，经济地、科学地、合理地安排试验，有效地控制试验干扰，充分地利用和科学地分析所获得的试验信息，从而了解因素之间的相互影响情况、因素与试验指标间的规律性、因素对试验指标影响的大小顺序，以及试验的误差等，较快地找出最优的试验条件，并能预估在最优条件下的试验指标值及波动范围和发展趋势，为进一步试验研究指明方向。

试验设计方法常用的术语定义如下：

（1）试验指标。指根据实验目的而选定的用来衡量试验效果的特征值，如合格产品的产量、纯度、pH 值等。

（2）因素。凡对试验指标可能产生影响的原因或要素都称为因素，如温度、压力等。

（3）水平。指试验中因素所处的具体状态或情况，又称为等级，各因素的不同水平通常用表示因素的字母加下标表示。如温度 t 有 3 个水平，则分别记为 t_1、t_2、t_3。

常用的试验设计方法有：全面试验设计法、因素轮换法、正交试验设计法、均匀试验设计法、调优运算试验设计法、回归正交设计法、SN 比试验设计法、产品的三次设计法等。可供选择的试验方法很多，各种试验设计方法都有其一定的特点。所面对的任务与要解决的问题不同，选择的试验设计方法也应有所不同。由于篇幅的限制，本章重点讨论正交试验设计方法。

例 4-1 某化工厂想提高某化工产品的质量和产量，对工艺中 3 个主要因素各按 3 个水平进行试验，见表 4-1。试验的目的是为提高合格产品的产量，寻求最适宜的操作条件，应如何进行试验方案的设计呢？

表 4-1　　　　　　　　　　　　　　因素水平

因　素		温度/℃	压力/Pa	加碱量/kg
符　号		t	p	m
水平	1	t_1（80）	p_1（5.0）	m_1（2.0）
	2	t_2（100）	p_2（6.0）	m_2（2.5）
	3	t_3（120）	p_3（7.0）	m_3（3.0）

进行实验方案设计通常采用全面试验设计法与因素轮换法两种方法。

（1）全面试验设计法。如图 4-1 所示，该方法数据点分布的均匀性极好，因素和水平的搭配十分全面，唯一的缺点是实验次数多达 $3^3=27$ 次（指数 3 代表 3 个因素，底数 3 代表每因素有 3 个水平）。因素、水平数愈多，则实验次数就愈多。例如，做一个 6 因素 3 水平的试验，就需 $3^6=729$ 次实验，显然难以做到。因此需要寻找一种合适的试验设计方法。

（2）因素轮换法。因素轮换法指每次只改变一个因素的水平，而其他因素固定在一个水平上，依此类推，逐个地研究各因素的影响。从上面可看出，采用全面试验设计法，需做 27 次实验。那么采用因素轮换法又如何呢？

先固定 t_1 和 p_1，只改变 m，观察因素 m 不同水平的影响，做了如图 4-2（1）所示的 3 次实验，发现 $m=m_2$ 时的实验效果最好（好的用□表示），合格产品的产量最高，因此认为在后面的实验中因素 m 应取 m_2 水平。

再固定 t_1 和 m_2，改变 p 的 3 次实验，如图 4-2（2）所示，发现 $p=p_3$ 时的实验效果最好，因此认为因素 p 应取 p_3 水平。

最后固定 p_3 和 m_2，改变 t 的 3 次实验，如图 4-2（3）所示，发现因素 t 宜取 t_2 水平。

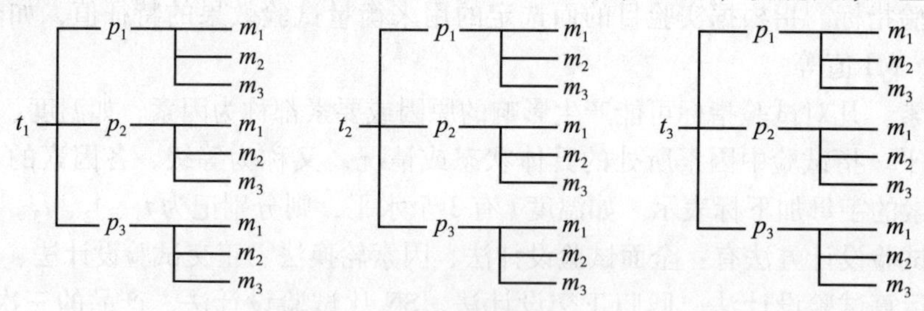

图 4-1　全面试验设计法

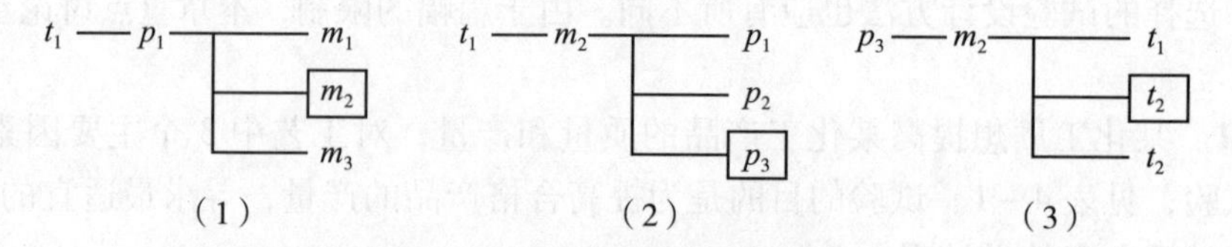

图 4-2　因素轮换法方案

因此可以引出结论：为提高合格产品的产量，最适宜的操作条件为 $t_2p_3m_2$。与全面试验设计法相比，因素轮换法的优点是实验的次数少，只需做 9 次实验。但必须指出，因素轮换法的试验结果是不可靠的。因为：

① 在改变 m 值（或 p 值，或 t 值）的 3 次实验中，说 m_2（或 p_3 或 t_2）水平最好是有条件的。在 $t \neq t_1, p \neq p_1$ 时，m_2 水平不是最好的可能性是有的。

② 在改变 m 的三次实验中，固定 $t = t_2, p = p_3$ 应该说也是可以的，是随意的，故在此方案中数据点的分布的均匀性是毫无保障的。

③ 用这种方法比较条件好坏时，只是对单个的试验数据进行数值上的简单比较，不能排除必然存在的试验数据误差的干扰。

那么能否找到一种方法可兼顾上述两种方案的优点呢？有，运用正交试验设计方法，不仅兼有上述两个方案的优点，而且实验次数少，数据点分布均匀，结论的可靠性较好。

4.2 正交试验设计方法的特点

用正交表安排多因素试验的方法，称为正交试验设计法。其特点为：①完成试验要求所需的实验次数少。②数据点的分布很均匀。③可用相应的极差分析方法、方差分析方法、回归分析方法等对试验结果进行分析，引出许多有价值的结论。

正交试验设计方法是用正交表来安排实验的。对于例 4－1 适用的正交表是 $L_9(3^4)$，其实验安排见表 4－2。

表 4－2　　　　试验安排表

列号		1	2	3	4
因素		温度/℃	压力/Pa	加碱量/kg	误差列
符号		t	p	m	e
试验号	1	1（t_1）	1（p_1）	1（m_1）	1
	2	1（t_1）	2（p_2）	2（m_2）	2
	3	1（t_1）	3（p_3）	3（m_3）	3
	4	2（t_2）	1（p_1）	2（m_2）	3
	5	2（t_2）	2（p_2）	3（m_3）	1
	6	2（t_2）	3（p_3）	1（m_1）	2
	7	3（t_3）	1（p_1）	3（m_3）	2
	8	3（t_3）	2（p_2）	1（m_1）	3
	9	3（t_3）	3（p_3）	2（m_2）	1

所有的正交表与 $L_9(3^4)$ 正交表一样，都具有以下两个特点：

（1）在每一列中，各个不同的数字出现的次数相同。在表 $L_9(3^4)$ 中，每一列有 3 个水平，水平 1、2、3 都是各出现 3 次。

（2）表中任意两列并列在一起形成若干个数字对，不同数字对出现的次数也都相同。在表 L_9（3^4）中，任意两列并列在一起形成的数字对共有9个：（1，1），（1，2），（1，3），（2，1），（2，2），（2，3），（3，1），（3，2），（3，3），每一个数字对各出现一次。

这两个特点称为正交性。正交表具有上述特点，保证了用正交表安排的试验方案中因素水平是均衡搭配的，数据点的分布是均匀的。因素、水平数愈多，运用正交试验设计方法，愈发能显示出它的优越性。如上述提到的6因素3水平试验，用全面试验方法需729次，若用正交表 L_{27}（3^{13}）来安排，则只需做27次实验。

在化工生产中，因素之间常有交互作用。如果上述的因素 t 的数值和水平发生变化时，试验指标随因素 p 变化的规律也发生变化，反过来，因素 p 的数值和水平发生变化时，试验指标随因素 t 变化的规律也发生变化。这种情况称为因素 t、p 间有交互作用，记为 $t \times p$。

4.3 正交表

使用正交设计方法进行试验方案的设计，就必须用到正交表。常用的正交表见附录5。

4.3.1 等水平正交表

等水平正交表指各列水平数均相同的正交表，也称单一水平正交表。这类正交表名称的写法举例如下：

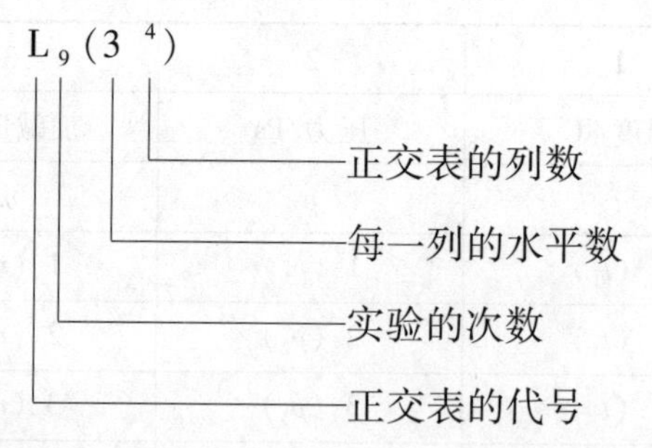

各列水平均为2的常用正交表有：L_4（2^3），L_8（2^7），L_{12}（2^{11}），L_{16}（2^{15}），L_{20}（2^{19}），L_{32}（2^{31}）。

各列水平数均为3的常用正交表有：L_9（3^4），L_{27}（3^{13}）。

各列水平数均为4的常用正交表有：L_{16}（4^5）。

各列水平数均为5的常用正交表有：L_{25}（5^6）。

4.3.2 混合水平正交表

各列水平数不相同的正交表，叫混合水平正交表，下面就是一个混合水平正交表名称的写法：

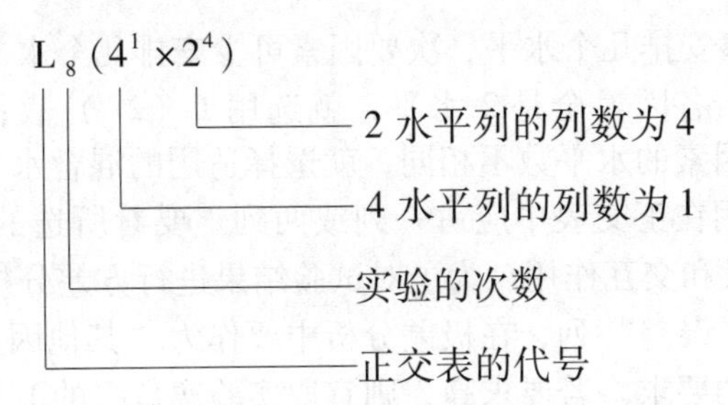

$L_8(4^1 \times 2^4)$ 常简写为 $L_8(4 \times 2^4)$。此混合水平正交表含有 1 个 4 水平列，4 个 2 水平列，共有 1 +4 =5 列。

4.4 正交试验方案设计的基本程序

4.4.1 确定试验指标

试验指标是由试验目的确定的，因此，试验设计之前必须明确试验的目的，对试验所要解决的问题应有全面而深刻的理解，通过周密考虑，确定试验指标。一项试验目的，至少需要一个试验指标，允许在同一项试验中有多个试验指标。试验指标一经确定，就应该把衡量和评价试验指标的原则、标准、测定试验指标的方法及所用仪器设备等确定下来，这本身就是一项十分细致而复杂的工作。

4.4.2 选择试验因素

选择试验因素时，首先要根据专业知识、以往研究的结论和经验教训，尽可能全面地考虑到影响试验指标的诸因素，然后根据试验要求和尽量少选因素的一般原则，从中选定试验因素。在实际确定试验因素时，首先应选取对试验指标影响大的因素、尚未完全掌握其规律的因素和未曾被考察研究过的因素。试验要求考察的因素必须定为试验因素，不能遗漏。

4.4.3 选取试验因素水平，列出因素水平表

根据因素水平是作量的变化还是作质的变化，可把试验因素分为数量因素和质量因素。如温度、时间、原料用量等，其水平可作量的变化，属数量因素，一般以 2 ~4 水平为宜；添加剂种类、过滤介质等，其水平是由特定的质（品种、牌号等）所决定的，属质量因素。对质量因素，应选的水平常常是早就定下来的，譬如使用了两种助滤剂，则助滤剂种类这个试验因素的水平数只能取 2。

4.4.4 选择合适的正交表

一般都是先确定试验的因素、水平和交互作用，然后选择适用的 L 表。在确定因素的

水平数时，主要因素宜多安排几个水平，次要因素可少安排几个水平。

（1）先看水平数。若各因素全是 2 水平，就选用 L（2^*）表；若各因素全是 3 水平，就选 L（3^*）表。若各因素的水平数不相同，就选择适用的混合水平表。

（2）每一个交互作用在正交表中应占一列或两列。要看所选的正交表是否足够大，能否容纳得下所考虑的因素和交互作用。为了对试验结果进行方差分析或回归分析，还必须至少留一个空白列，作为“误差”列，在极差分析中要作为“其他因素”列处理。

（3）要看试验精度的要求。若要求高，则宜取实验次数多的 L 表。

（4）若试验费用很昂贵，或试验的经费很有限，或人力和时间都比较紧张，则不宜选实验次数太多的 L 表。

（5）按原来考虑的因素、水平和交互作用去选择正交表，若无正好适用的正交表可选，简便且可行的办法是适当修改原定的水平数。

（6）对某因素或某交互作用的影响是否确实存在没有把握的情况下，选择 L 表时常为该选大表还是选小表而犹豫。若条件许可，应尽量选用大表，让影响存在的可能性较大的因素和交互作用各占适当的列，某因素或某交互作用的影响是否真的存在，留到方差分析进行显著性检验时再做结论。这样既可以减少试验的工作量，又不至于漏掉重要的信息。

4.4.5 正交表的表头设计

表头设计就是确定试验所考虑的因素和交互作用，在正交表中该放在哪一列的问题。

（1）有交互作用时，表头设计则必须严格地按规定办事。因篇幅限制，此处不讨论，请查阅有关书籍。

（2）若试验不考虑交互作用，则表头设计可以是任意的。如在例 4－1 中，对 L_9（3^4）表头设计，表 4－3 所列的 4 种方案都是可用的。但是正交表的构造是组合数学问题，必须满足 4.2 中所述的特点。试验之初不考虑交互作用，而选用较大的正交表。空列较多时，最好仍与有交互作用时一样，按规定进行表头设计，只不过将有交互作用的列先视为空列，待试验结束后再加以判定。

表 4－3　　L_9（3^4）表头设计方案

方案＼列号	1	2	3	4
1	t	p	m	空
2	空	t	p	m
3	m	空	t	p
4	p	m	空	t

4.4.6 编制试验方案

在表头设计的基础上，将所选正交表各列的水平数字换成对应因素的具体水平值，便形成试验方案，它是实际进行实验的依据。对于例4－1适用的正交表是L_9（3^4），其实验安排见表4－2。例如第5号实验：温度t_2为100℃，压力p_2为6.0 Pa，加碱量m_3为3.0 kg。

做实验时，要力求严格控制实验条件。这个问题在因素各水平下的数值差别不大时更为重要。例如，例4－1中的因素（加碱量）m的3个水平：$m_1=2.0$，$m_2=2.5$，$m_3=3.0$，在以$m=m_2=2.5$为条件的某一个实验中，就必须严格认真地让$m_2=2.5$。若因为粗心和不负责任，造成$m_2=2.2$或造成$m_2=3.0$，那就将使整个试验失去正交试验设计方法的特点，使极差和方差分析方法的应用丧失了必要的前提条件，因而得不到正确的试验结果。

实验进行的次序没必要完全按照正交表上实验号码的顺序。为减少实验中由于先后实验操作熟练的程度不匀带来的误差干扰，理论上推荐用抽签的办法或查随机数值表的办法来决定实验的次序。

对于一批试验，如果要使用几台不同的设备，或要使用几种原料来进行，或试验指标的检验需要几个人来做，为了防止不同设备、原料、人员等带来误差，从而干扰试验的分析，可在开始做实验之前，用L表中未排因素和交互作用的一个空白列来安排这些因素。

4.5 正交试验的结果分析方法

正交试验方法之所以能得到科技工作者的重视，并在实践中得到广泛的应用，其原因不仅在于它能使试验的次数减少，而且能够用相应的方法对试验结果进行分析，并引出许多有价值的结论。正交试验结果的分析方法有两种，即极差分析法和方差分析法。

4.5.1 极差分析方法

极差分析法又称直观分析法。极差是指各列中各水平对应的试验指标平均值的最大值与最小值之差。下面以表4－4为例讨论L_4（2^3）正交试验结果的极差分析方法。从表4－4的计算结果可知，用极差法分析正交试验结果可引出以下四个结论。

表4－4　　L_4（2^3）正交试验计算

试验号 ＼ 列号	1	2	3	试验指标y_i
1	1	1	1	y_1
2	1	2	2	y_2
3	2	1	2	y_3
$n=4$	2	2	1	y_4

续表

列号 试验号	1	2	3	试验指标 y_i
I_j	$\text{I}_1=y_1+y_2$	$\text{I}_2=y_1+y_3$	$\text{I}_3=y_1+y_4$	
II_j	$\text{II}_1=y_3+y_4$	$\text{II}_2=y_2+y_4$	$\text{II}_3=y_2+y_3$	
k_j	$k_1=2$	$k_2=2$	$k_3=2$	
I_j/k_j	I_1/k_1	I_2/k_2	I_3/k_3	
II_j/k_j	II_1/k_1	II_2/k_2	II_3/k_3	
极差（D_j）	max｛｝ - min｛｝	max｛｝ - min｛｝	max｛｝ - min｛｝	

注：I_j——第 j 列“1”水平所对应的试验指标的数值之和。

II_j——第 j 列“2”水平所对应的试验指标的数值之和。

k_j——第 j 列同一水平出现的次数。等于试验的次数（n）除以第 j 列的水平数。

I_j/k_j——第 j 列“1”水平所对应的试验指标的平均值。

II_j/k_j——第 j 列“1”水平所对应的试验指标的平均值。

D_j——第 j 列的极差。等于第 j 列各水平对应的试验指标平均值中的最大值减最小值，即

$$D_j=\max\{\text{I}_j/k_j,\ \text{II}_j/k_j,\ \cdots\}-\min\{\text{I}_j/k_j,\ \text{II}_j/k_j,\ \cdots\}$$

（1）某列的极差最大，表示该列的数值在试验范围内变化时，使试验指标数值的变化最大，即各列极差 D 的数值从大到小的排队就是各列对试验指标的影响从大到小的排队。

（2）分析出试验指标随各因素的变化规律和趋势。为了能更直观地看到变化趋势，常将计算结果绘制成图。

（3）找出试验范围内的最适宜的操作条件（适宜的因素水平搭配）。

（4）可对所得结论和进一步的研究方向进行讨论。

4.5.2 方差分析方法

极差分析法由于计算简便，直观形象，得到普遍应用。但这种方法不能把试验中由于试验条件的改变引起的数据波动同试验误差引起的数据波动区分开来，因此不能知道试验的精度。同时，各因素对试验结果影响的重要程度，不能给予精确的数量估计，也不能提出一个标准，用来判断所考察的因素的作用是否显著，而方差分析可以弥补这一不足。

方差分析的基本思想是将数据的总偏差平方和与误差的偏差平方和相比，作 F 检验，即可判断因素的作用是否显著。

（1）计算公式和项目。

试验指标的加和值 $=\sum_{i=1}^{n}y_i$，试验指标的平均值 $\bar{y}=\frac{1}{n}\sum_{i=1}^{n}y_i$，以第 j 列为例：

① I_j——“1”水平所对应的试验指标的数值之和；

② II_j——“2”水平所对应的试验指标的数值之和；

③ ……

④ k_j——同一水平出现的次数。等于试验的次数除以第 j 列的水平数；

⑤ I_j/k_j——“1”水平所对应的试验指标的平均值；

⑥ II_j/k_j——“1”水平所对应的试验指标的平均值；

⑦ ……

以上 7 项的计算方法同极差法（见表 4-4）。

⑧ 偏差平方和　$S_j = k_j\left(\frac{\text{I}_j}{k_j} - \bar{y}\right)^2 + k_j\left(\frac{\text{II}_j}{k_j} - \bar{y}\right)^2 + k_j\left(\frac{\text{III}_j}{k_j} - \bar{y}\right)^2 + \cdots$

⑨ f_j——自由度。f_j = 第 j 列的水平数 -1。

⑩ V_j——方差。$V_j = S_j/f_j$。

⑪ V_e——误差列的方差。$V_e = S_e/f_e$。其中，e 为正交表的误差列。

⑫ F_j——方差之比　$F_j = V_j/V_e$。

⑬ 查 F 分布数值表（见附录二），做显著性检验。

⑭ 总的偏差平方和　$S_{总} = \sum_{i=1}^{n}(y_i - \bar{y})^2$

⑮ 总的偏差平方和等于各列的偏差平方和之和，即　$S_{总} = \sum_{j=1}^{m} S_j$，其中，$m$ 为正交表的列数。

若误差列由 5 个单列组成，则误差列的偏差平方和 S_e 等于 5 个单列的偏差平方和之和，即 $S_e = S_{e1} + S_{e2} + S_{e3} + S_{e4} + S_{e5}$。也可用 $S_e = S_{总} - S''$ 来计算，其中 S'' 为安排有因素或交互作用的各列的偏差平方和之和。

（2）可引出的结论。

方差分析法比极差分析法多引出的一个结论是：各列对试验指标的影响是否显著，在什么水平上显著。如果某列对试验指标影响不显著，那么，讨论试验指标随它的变化趋势是毫无意义的。根据显著性检验结果，可以确定各因素的优水平及最优水平的组合，从而确定最优条件。

4.6　正交试验方法在化工原理实验中的应用举例

例 4-2　为提高真空吸滤装置的生产能力，请用正交试验方法确定恒压过滤的最佳操作条件。其恒压过滤实验的方法、原始数据采集和过滤常数计算等见“过滤实验”部分。影响实验的主要因素和水平见表 4-5a。表中 Δp 为过滤压强差；t 为浆液温度；w 为浆液质量分数；m 为过滤介质（材质属多孔陶瓷）。

解：（1）试验指标的确定。恒压过滤常数 K（m^2/s）。

（2）选正交表。根据表 4-5a 的因素和水平，可选用 $L_8(4 \times 2^4)$ 表。

（3）制订实验方案。按选定的正交表，应完成 8 次实验，实验方案见表 4-5b。

（4）实验结果。将所计算出的恒压过滤常数 K 列于表 4-5b。

（5）指标 K 的极差分析和方差分析。分析结果见表 4-5c。以第 2 列为例说明计算过程：

$\text{I}_2 = 4.01 \times 10^{-4} + 5.21 \times 10^{-4} + 4.83 \times 10^{-4} + 5.11 \times 10^{-4} = 1.92 \times 10^{-3}$

$Ⅱ_2 = 2.93\times10^{-4} + 5.55\times10^{-4} + 1.02\times10^{-3} + 1.10\times10^{-3} = 2.97\times10^{-3}$

$k_2 = 4$

$Ⅰ_2/k_2 = 1.92\times10^{-3}/4 = 4.79\times10^{-4}$

$Ⅱ_2/k_2 = 2.97\times10^{-3}/4 = 7.42\times10^{-4}$

$D_2 = 7.42\times10^{-4} - 4.79\times10^{-4} = 2.63\times10^{-4}$

$\sum K = 4.88\times10^{-3}$　　$\bar{K} = 6.11\times10^{-4}$

$S_2 = k_2\ (Ⅰ_2/k_2 - \bar{K})^2 + k_2\ (Ⅱ_2/k_2 - \bar{K})^2$

$= 4\ (4.79\times10^{-4} - 6.11\times10^{-4})^2 + 4\ (7.42\times10^{-4} - 6.11\times10^{-4})^2 = 1.38\times10^{-7}$

f_2 = 第二列的水平数 − 1 = 2 − 1 = 1

$V_2 = S_2/f_2 = 1.38\times10^{-7}/1 = 1.38\times10^{-7}$

$S_e = S_5 = k_5\ (Ⅰ_5/k_5 - \bar{K})^2 + k_5\ (Ⅱ_5/k_5 - \bar{K})^2$

$= 4\ (6.22\times10^{-4} - 6.11\times10^{-4})^2 + 4\ (5.99\times10^{-4} - 6.11\times10^{-4})^2 = 1.06\times10^{-9}$

$f_e = f_5 = 1$

$V_e = S_e/f_e = 1.06\times10^{-9}/1 = 1.06\times10^{-9}$

$F_2 = V_2/V_e = 1.38\times10^{-7}/1.06\times10^{-9} = 130.2$

查附录 6 的 F 分布数值表可知：

$F\ (a = 0.01,\ f_1 = 1,\ f_2 = 1) = 4052 > F_2$

$F\ (a = 0.05,\ f_1 = 1,\ f_2 = 1) = 161.4 > F_2$

$F\ (a = 0.10,\ f_1 = 1,\ f_2 = 1) = 39.9 < F_2$

$F\ (a = 0.25,\ f_1 = 1,\ f_2 = 1) = 5.83 < F_2$

其中，f_1为分子的自由度，f_2为分母的自由度。

所以第二列对试验指标的影响在 $\alpha = 0.10$ 水平上显著。其他列的计算结果见表 4 − 5c。

（6）由极差分析结果引出的结论请同学们自己分析。

（7）由方差分析结果引出的结论。

① 第 1、2 列上的因素 Δp、t 在 $\alpha = 0.10$ 水平上显著，第 3 列上的因素 w 在 $\alpha = 0.05$ 水平上显著，第 4 列上的因素 M 在 $\alpha = 0.25$ 水平上仍不显著。

② 各因素、水平对 K 的影响变化趋势见图 4 − 3。图 4 − 3 是用表 4 − 5a 的水平、因素和表 4 − 5c 的 $Ⅰ_j/k_j$、$Ⅱ_j/k_j$、$Ⅲ_j/k_j$、$Ⅳ_j/k$ 值来标绘的。从图中可看出：

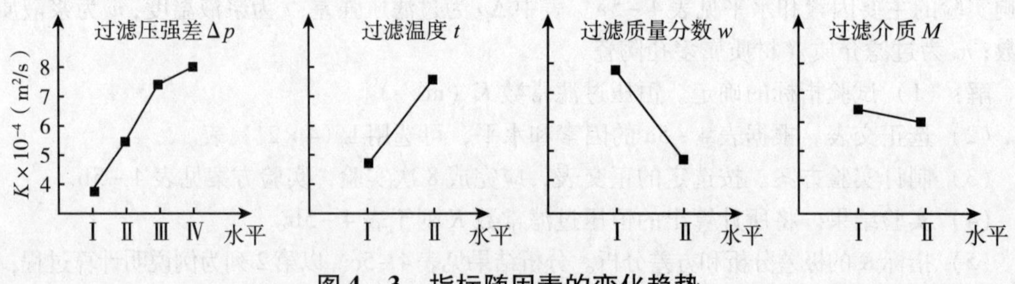

图 4 − 3　指标随因素的变化趋势

过滤压强差增大，K 值增大。

过滤温度增大，K 值增大。

过滤浓度增大，K 值减小。

过滤介质由 1 水平变为 2 水平，多孔陶瓷微孔直径减小，K 值减小。因为第 4 列对 K 值的影响在 $\alpha=0.25$ 水平上不显著，所以此变化趋势是不可信的。

③ 适宜操作条件的确定。由恒压过滤速率方程式可知，试验指标 K 值愈大愈好，为此，本例的适宜操作条件是各水平下 K 的平均值最大时的条件：

过滤压强差为 4 水平，5.88kPa。

过滤温度为 2 水平，33℃。

过滤浆液浓度为 1 水平，稀滤液。

过滤介质为 1 水平或 2 水平，这是因为第 4 列对 K 值的影响在 $\alpha=0.25$ 水平上不显著，为此可优先选择价格便宜或容易得到者。

上述条件恰好是正交表中第 8 个试验号。

表 4-5a　过滤实验因素和水平

因素		压强差	温度	质量分数	过滤介质
符号		Δp /kPa	t /℃	w	M
水平	1	2.94	（室温）18	稀（约 5%）	G_2
	2	3.92	（室温 +15）33	浓（约 10%）	G_3
	3	4.90			
	4	5.88			

注：G_2、G_3 为过滤漏斗的型号。过滤介质孔径：G_2 为 30～50 μm、G_3 为 16～30 μm。

表 4-5b　正交试验的试验方案和实验结果

列号	$j=1$	$j=2$	$j=3$	$j=4$	$j=5$	$j=6$
因素	Δp	t	w	M	e	K（m^2/s）
试验号	水平					
1	1	1	1	1	1	4.01×10^{-4}
2	1	2	2	2	2	2.93×10^{-4}
3	2	1	1	2	2	5.21×10^{-4}
4	2	2	2	1	1	5.55×10^{-4}
5	3	1	2	1	2	4.83×10^{-4}
6	3	2	1	2	1	1.02×10^{-3}
7	4	1	2	2	1	5.11×10^{-4}
8	4	2	1	1	2	1.10×10^{-3}

表 4-5c　　**K 的极差分析和方差分析**

列　号		$j=1$	2	3	4	5	6
因　素		Δp	t	w	M	e	$K/(m^2\cdot s^{-1})$
项目	$Ⅰ_j$	6.94×10^{-4}	1.92×10^{-3}	3.04×10^{-3}	2.54×10^{-3}	2.49×10^{-3}	
	$Ⅱ_j$	1.08×10^{-3}	2.97×10^{-3}	1.84×10^{-3}	2.35×10^{-3}	2.40×10^{-3}	
	$Ⅲ_j$	1.50×10^{-3}					
	$Ⅳ_j$	1.61×10^{-3}					
	k_j	2	4	4	4	4	
	$Ⅰ_j/k_j$	3.47×10^{-4}	4.79×10^{-4}	7.61×10^{-4}	6.35×10^{-4}	6.22×10^{-4}	
	$Ⅱ_j/k_j$	5.38×10^{-4}	7.42×10^{-4}	4.61×10^{-4}	5.86×10^{-4}	5.99×10^{-4}	
	$Ⅲ_j/k_j$	7.52×10^{-4}					
	$Ⅳ_j/k_j$	8.06×10^{-4}					
	D_j	4.59×10^{-4}	2.63×10^{-4}	3.00×10^{-4}	4.85×10^{-5}	2.30×10^{-5}	
	S_j	2.65×10^{-7}	1.38×10^{-7}	1.80×10^{-7}	4.70×10^{-9}	1.06×10^{-9}	
	f_j	3	1	1	1		$\sum K=4.88\times10^{-3}$
	V_j	8.84×10^{-8}	1.38×10^{-7}	1.80×10^{-7}	4.70×10^{-9}	1.06×10^{-9}	
	F_j	83.6	130.2	170.1	4.44	1.00	
	$F_{0.01}$	5403	4052	4052	4052		$\bar{K}=6.11\times10^{-4}$
	$F_{0.05}$	215.7	161.4	161.4	161.4		
	$F_{0.10}$	53.6	39.9	39.9	39.9		
	$F_{0.25}$	8.20	5.83	5.83	5.83		
	显著性	2 (0.10)	2 (0.10)	3 (0.05)	0 (0.25)		

第5章

实验室常用测量仪表

化工过程需要测量的参数主要为温度、压强、流量和物位四大参数，本章就化工原理实验室常用的前3种参数的测量仪表做一些简要的介绍。

5.1　温度测量

在化工生产和实验中，温度往往是测量和控制的重要参数之一，几乎每个化工原理实验设备上都装有温度测量仪表。

温度是表征物体冷热程度的物理量。温度不能直接测量，只能借助于冷热物体之间的热交换，以及物体的某些物理性质（如膨胀、电阻、热电效应等）随冷热程度不同而变化的特性进行间接测量。根据测量方式可把测温分为接触式和非接触式两种。化工原理实验中所涉及的被测温度基本上可用接触式测温仪表来测量。常用测温仪表的种类及优缺点见表5－1。本节重点介绍接触式测温仪表中的膨胀式温度计、热电偶温度计和热敏电阻温度计。

表5－1　常用测温仪表的种类及优缺点

测温方式	温度计种类		测温范围/℃	优　点	缺　点
接触式测温仪表	膨胀式	玻璃液体	－50～600	结构简单，使用方便，测量准确，价格低	测量上限和精度受玻璃质量的限制，易碎，不能记录远传
		双金属	－80～600	结构紧凑，牢固可靠	精度低，量程和使用范围有限
	压力式	液体 气体 蒸汽	－30～600 －20～350 0～250	结构简单，耐震，防爆，能记录、报警，价格低	精度低，测温距离短，滞后大
	热电偶	铂铑－铂 镍铬－镍硅 镍铬－考铜	0～1600 －50～1000 －50～600	测温范围广，精度高，便于远距离、多点、集中测量和自动控制	需冷端温度补偿，在低温段测量精度较低
	热敏电阻	铂 铜	－200～600 －50～150	测量精度高，便于远距离、多点、集中测量和自动控制	不能测高温，须注意环境温度的影响

续表

测温方式	温度计种类		测温范围/℃	优　点	缺　点
非接触式测温仪表	辐射式	辐射式 光学式 比色式	400～2000 700～3200 900～1700	测温时，不破坏被测温度场	低温段测量不准，环境条件会影响测温准确度
	红外线	光电探测 热电探测	0～3500 200～2000	测温范围大，适于测温度分布，不破坏被测温度场，响应快	易受外界干扰，标定困难

5.1.1　膨胀式温度计

(1) 玻璃管温度计。

玻璃管温度计是最常用的一种测定温度的仪器，其结构简单，价格便宜，读数方便，有较高的精度，测量范围为 -80℃～500℃。缺点是易损坏，损坏后无法修复。实验室常用的是水银温度计和有机液体（如乙醇）温度计。水银温度计测量范围广，刻度均匀，读数准确，但损坏后会造成污染。有机液体（乙醇、苯等）温度计中的液体着色后读数明显，但由于膨胀系数随温度而变化，故刻度不均匀，读数误差较大。玻璃管温度计又分为棒式、内标式和电接点式 3 种，见表 5-2。

表 5-2　　常用玻璃管温度计

	棒　式	内标式	电接点式
特　点	实验室最常用 直径 $d=6\sim8$mm 长度 $l=250$，280，300，420，480mm	工业上常用 $d_1=18$mm，$d_2=9$mm $l_1=230$mm，$l_2=130$mm $l_3=60$mm～2000mm	用于控制、报警等，分固定接点与可调接点两种
外形图	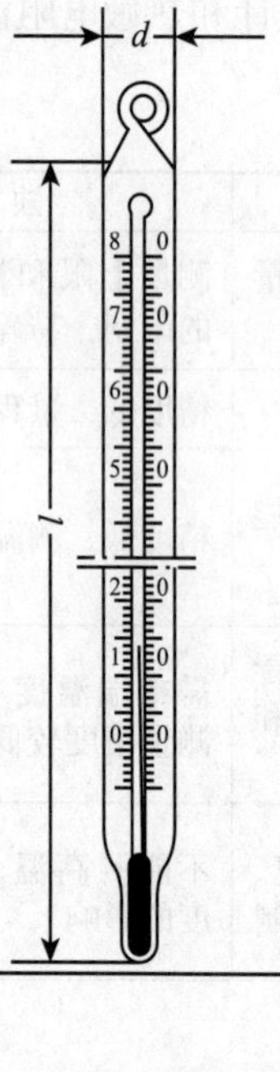 d l	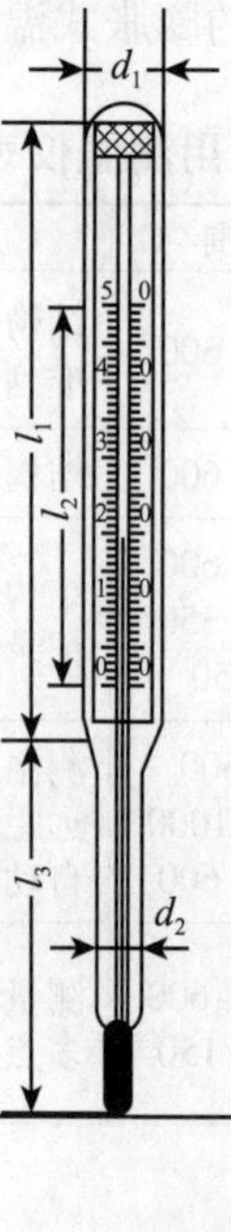 d_1 l_1 l_2 l_3 d_2	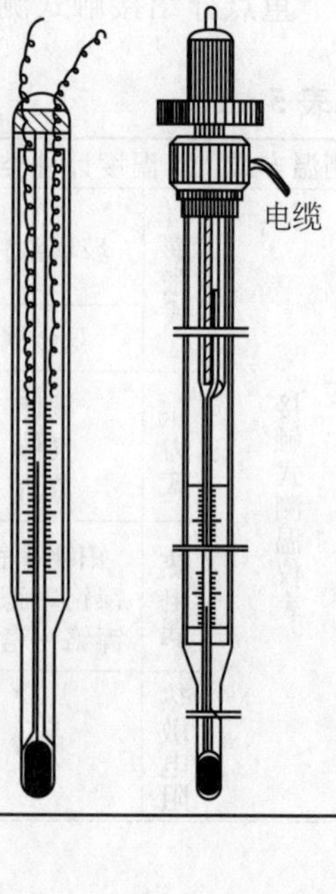 电缆

（2）玻璃管温度计的校正。

用玻璃管温度计进行精确测量时需要校正，其方法有两种：一是与标准温度计在同一状况下比较；二是利用纯物质相变点，如冰—水，水—水蒸气系统校正。

用第一种方法进行校正时，可将被校验的玻璃管温度计与标准温度计（在市场上购买的二等标准温度计）一同插入恒温槽中，待恒温槽的温度稳定后，比较被校验温度计与标准温度计的示值。注意，在校正过程中应采用升温校验。这是因为有机液体与毛细管壁有附着力，当温度下降时，会有部分液体停留在毛细管壁上，影响准确读数。水银温度计在降温时会因摩擦发生滞后现象。

如果实验室中无标准温度计时，可用冰—水，水—水蒸气的相变温度校正温度计。

① 用冰—水混合液校正0℃。在100ml烧杯中，装满碎冰或冰块，然后注入蒸馏水，使液面达冰面下2cm为止。插入温度计，使温度计刻度便于观察或0℃刻度露出冰面，搅拌并观察此水银柱的变化，待其所指温度恒定时，记录读数，即是校正过的0℃。注意勿使冰块完全溶解。

② 用水—水蒸气校正100℃。图5－1为校正温度计的安装示意图。塞子应留缝隙，这是为了平衡试管内外的压力。向试管中加入少量沸石及10ml蒸馏水。调整温度计，使其水银球在液面上3cm。以小火加热并注意蒸汽在试管壁上冷凝形成一个环，控制火力使该环维持在水银球上方约2cm处，若水银球上保持有一液滴，说明液态与气态间达到热平衡。当温度恒定时观察水银柱读数，记录读数，再经气压校正后即为校正过的100℃。

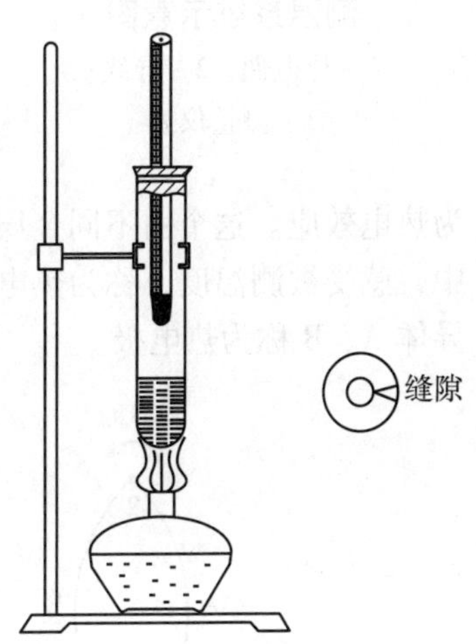

图5－1　校正温度计安装

（3）玻璃管温度计的安装和使用。

① 玻璃管温度计应安装在没有大的振动、不易受碰撞的设备上，特别是有机液体玻璃管温度计，如果振动大，容易使液柱中断。

② 玻璃管温度计感温泡中心应处于温度变化最敏感处（如管道中流体流速最大处）。

③ 玻璃管温度计应安装在便于读数的位置，不能倒装，尽量不要倾斜安装。

④ 水银温度计读数时按凸面之最高点读数；有机液体玻璃管温度计则按凹面最低点读数。

⑤为了准确地测定温度，用玻璃管温度计测定物体温度时，如果温度计内的液体不是全部处于欲测的物体中，就不能得到准确值。

5.1.2　热电偶温度计

热电偶温度计是以热电效应为基础的测温仪表。它的测量范围大，结构简单，使用方便，测温准确可靠，便于信号的远传及自动记录和集中控制，因而在化工生产与实验中应用极为普遍。

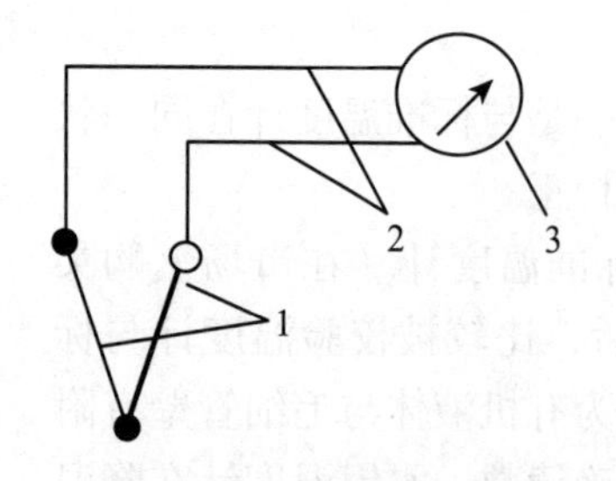

图 5－2　热电偶温度计测温系统示意图

1－热电偶；2－导线；3－测量仪表

热电偶温度计是由三部分组成：热电偶（感温元件）、测量仪表（电位差计等）和连接热电偶和测量仪表的导线（补偿导线及铜导线）。图 5－2 是热电偶温度计最简单的测温系统示意图。

（1）热电偶测温原理。

将两种不同性质的金属丝或合金丝 A 和 B 连接成一个闭合回路。如果将它们的两个接点分别置于温度为 t_0 和 t 的热源中，则该回路中会产生电动势，如图 5－3（a）所示。如果在此回路中串接一只直流毫伏计（将金属 B 断开接入毫伏计，或者在两金属线的 t_0 接头处断开接入毫伏计），如图 5－3（b）、（c）所示，就可见到毫伏计中有电势指示，这种现象称为热电效应。这个由不同金属丝组成的闭合回路即为热电偶。闭合回路的一端插入被测介质中，感受被测温度，称为热电偶的工作端或热端，另一端与导线连接，称为冷端或自由端。导体 A、B 称为热电极。

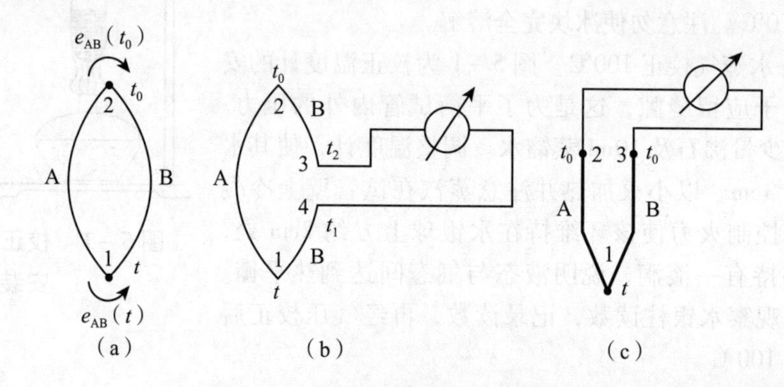

图 5－3　热电偶测量原理示意图

在两种金属的接触点处，设 $t > t_0$，由于接点温度不同，就产生了两个大小不等、方向相反的热电势 $e_{AB}(t)$ 和 $e_{AB}(t_0)$，而对于同一种金属 A 或 B，由于其两端温度不同，自由电子具有的动能不同，也会产生一个相应的电动势 $e_A(t, t_0)$ 和 $e_B(t, t_0)$，这个电动势称为温差电势。热电偶回路中既有接触电势，又有温差电势，因此，回路中总电势为：

$$\begin{aligned} E_{AB}(t, t_0) &= e_{AB}(t) + e_B(t, t_0) - e_{AB}(t_0) - e_A(t, t_0) \\ &= [e_{AB}(t) - e_{AB}(t_0)] - [e_A(t, t_0) - e_B(t, t_0)] \end{aligned} \tag{5-1}$$

由于温差电势比接触电势小很多，可忽略不计，故式（5－1）可简化为：

$$E_{AB}(t, t_0) = e_{AB}(t) - e_{AB}(t_0) \tag{5-2}$$

当 $t = t_0$ 时，则 $E_{AB}(t, t_0) = 0$；当 t_0 一定时，$e_{AB}(t_0)$ 为常数，则热电势 $E_{AB}(t, t_0)$ 就成为温度 t 的单值函数了，而和热电偶的长短及直径无关。这样，只要测出热电势的大小，就能判断测温点温度的高低，这就是利用热电现象来测温的原理。

（2）补偿导线的选用。

由热电偶测温原理知道，只有当热电偶冷端温度保持不变时，热电势才是被测温度的单值函数。由于热电偶一般做得比较短（特别是贵重金属），这样热电偶的工作端与冷端离得很近，而且冷端又暴露在空间，容易受到周围环境的影响，因而冷端温度难以保持恒定。为了使热电偶的冷端温度保持恒定，可用一种专用导线将热电偶的冷端延伸出来，这种专用导线称为补偿导线。它也是由两种不同性质的金属材料制成，在一定温度范围内（0～100℃）与所连接的热电偶具有相同的热电特性，其材料是廉价金属。不同热电偶所用的补偿导线也不同，因此要注意型号相配。各种热电偶配用的补偿导线材料及其特点见表5－3。

表5－3　　热电偶配用的补偿导线材料及其特点

热电偶名称	补偿导线			
	正极		负极	
	材料	颜色	材料	颜色
铂铑—铂	铜	红	铜镍合金	绿
镍铬—镍硅 铜—康铜	铜	红	康铜	棕
镍铬—考铜	镍铬	褐绿	考铜	黄

（3）冷端温度的补偿。

与热电偶配套的仪表是根据各种热电偶的温度—热电势关系曲线在冷端温度保持为0℃的情况下进行刻度的。采用补偿导线后，虽然把热电偶的冷端从温度较高和不稳定的地方延伸到温度较低和比较稳定的操作室内，但由于操作室内的温度往往高于0℃，而且是不恒定的，这样热电偶所产生的热电势必然偏小，且测量值也随着冷端温度变化而变化，因此在应用热电偶测温时，只有将冷端温度保持为0℃，或者进行一定的修正，才能得出准确的测量结果，这样做就称为热电偶的冷端温度补偿。

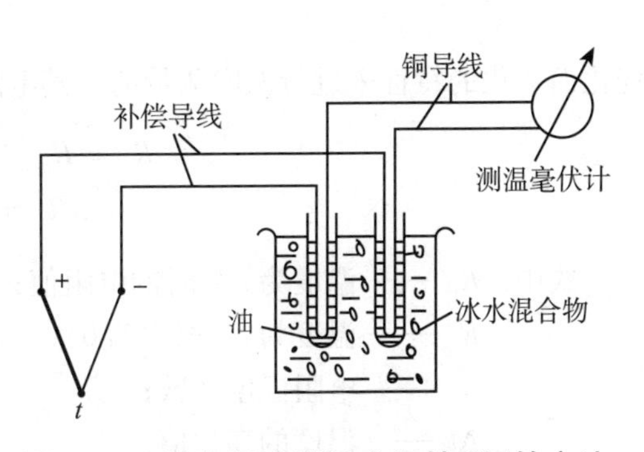

图5－4　热电偶冷端温度保持0℃的方法

实验室采用冷端温度补偿的方法通常是把热电偶的两个冷端分别插入盛有绝缘油的试管中，然后放入装有冰水混合物的容器中，如图5－4所示，使冷端温度保持为0℃。

（4）几种常用的热电偶。

目前我国广泛使用的热电偶有下列几种：

① 铂铑—铂热电偶。分度号为S。该热电偶正极为90%的铂和10%的铑组合成的合金丝，负极为铂丝。此种热电偶在1300℃以下范围内可长期使用，在良好环境中可短期测量1600℃高温。由于容易得到高纯度的铂和铑，故该热电偶的复制精度和测量准确性较高，可用于精密温度测量和用作基准热电偶。其缺点是热电势较弱，且成本较高。

② 镍铬—镍硅热电偶。分度号为 K。该热电偶正极为镍铬，负极为镍硅。该热电偶可在氧化性或中性介质中长期测量900℃以下的温度，短期测量可达1200℃。该热电偶具有复制性好、产生热电势大、线性好、价格便宜等特点。缺点是测量精度偏低，但完全能满足工业测量的要求，是工业生产中最常用的一种热电偶。

③ 镍铬—考铜热电偶。分度号为 EA。该热电偶正极为镍铬，负极为考铜。适用于还原性或中性介质，长期使用温度不可超过600℃，短期测量可达800℃。该热电偶的特点是电热灵敏度高，价格便宜。

④ 铜—康铜热电偶。分度号为 CK。该热电偶正极为铜，负极为康铜。其特点是低温时精确度较高，可测量 -200℃的低温，上限温度为300℃，价格低廉。

5.1.3 热敏电阻温度计

热敏电阻温度计较其他温度计有较高的精确度，热敏电阻值和温度具有较好的线性关系，而且重现性和稳定性较好，也具有远距离传送、自动记录和实现多点测量等优点。

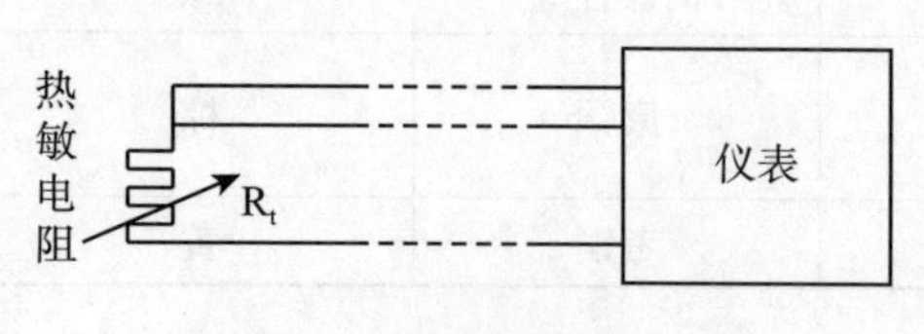

图5-5 热敏电阻温度计

（1）热敏电阻温度计的测温原理。

热敏电阻温度计是由热敏电阻（感温元件）、显示仪表（不平衡电桥或平衡电桥）以及连接导线所组成，如图5-5所示。值得注意的是连接导线采用三线制接法。

热敏电阻温度计是利用金属的电阻值随温度变化而变化的特性来进行温度测量的，其电阻值与温度关系如下式：

$$R_t = R_{t_0}[1 + \alpha(t - t_0)] \tag{5-3}$$

$$\Delta R_t = \alpha R_{t_0} \cdot \Delta t \tag{5-4}$$

式中，R_t —— 温度为 t ℃时的电阻值；

R_{t_0} —— 温度为 t_0（通常为0 ℃）时的电阻值；

α —— 电阻温度系数；

Δt —— 温度的变化值；

ΔR_t—— 电阻值的变化量。

由式（5-4）可见，由于温度的变化，导致了金属导体电阻的变化。这样只要设法测出电阻值的变化，就可达到温度测量的目的。

由此可知，热敏电阻温度计与热电偶温度计的测量原理是不相同的。热敏电阻温度计是把温度的变化通过测温元件——热敏电阻转化为电阻值的变化来测量温度的；而热电偶温度计则把温度的变化通过测温元件——热电偶转化为热电势的变化来测量温度的。

（2）常用热敏电阻。

① 铂电阻。目前工业常用的铂电阻为 Pt100（$R_0 = 100\Omega$）。由于铂在高温下及氧化介质中的化学和物理性质均很稳定，所以用其制成的热敏电阻精度高，重现性好，可靠性强。在0～630.74℃范围内，铂电阻的阻值与温度之间的关系可精确地用下式表示：

$$R_t = R_0(1 + At + Bt^2 + Ct^3) \quad (5-5)$$

在 -190 ~ 0℃范围内，铂电阻的阻值与温度的关系为：

$$R_t = R_0[1 + At + Bt^2 + C(t - 100)t^3] \quad (5-6)$$

式中，R_t—— 铂电阻在温度为 t ℃时的电阻值；

R_0—— 铂电阻在温度为 0℃时的电阻值；

A、B、C—— 常数，由实验测得。

$A = 3.96847 \times 10^{-3}$ 1/℃，$B = -5.847 \times 10^{-7}$ 1/℃^{2}，$C = -4.22 \times 10^{-12}$ 1/℃^{3}

② 铜电阻。铜电阻的阻值与温度呈直线关系，温度系数小。铜容易加工和提纯，价格便宜，这些都是用铜作为热敏电阻的优点。其主要缺点是温度超过 100℃时容易被氧化，同时铜的电阻率较小。

铜一般用来制造 -50 ~ 200℃工程用的电阻温度计。其电阻值与温度呈如下线性关系：

$$R_t = R_0(1 + \alpha t) \quad (5-7)$$

式中，R_t—— 铜电阻在温度为 t ℃时的电阻值；

R_0—— 铜电阻在温度为 0℃时的电阻值，$R_0 = 50\ \Omega$；

α—— 铜电阻的电阻温度系数，$\alpha = 4.25 \times 10^{-3}$/℃。

（3）热敏电阻的标定。

使用热敏电阻可以对温度进行较为精确的测量，因而在某些要求标准高的场合下，需对热敏电阻进行标定。标定方法为：用精密的仪器仪表，测出被标定的热敏电阻在已知温度下的阻值，然后做出温度 - 阻值校正曲线，供实际测量使用。标定的主要仪器为测温专用的电桥，如 QJ18A。在标定要求不很严格的情况下，亦可使用高精度的数字万用表测量热敏电阻的阻值。

5.2 压力测量

在化工生产和实验中，压力是重要的参数之一。例如，管道阻力实验需测定流体流过管道的压降，泵性能实验需测量泵的进出口压力以便了解泵的性能和安装是否正确，精馏实验需经常观察塔顶和塔釜的压力以便了解精馏塔的操作是否正常。此外，压力测量的意义还不局限于它自身，有些其他参数的测量，如物位、流量等往往也通过测量压力或压差来换算。

测量压力的仪表很多，按照其转换原理的不同，大致可分为液柱式压力计、弹性式压力计、电气式压力计和活塞式压力计四类。

5.2.1 液柱式压力计

（1）液柱式压力计的结构及特性。

液柱式压力计是根据流体静力学原理，将被测压力转换成液柱高度进行测量的。按其结构形式的不同，有 U 型压差计、单管压差计和斜管压差计等。其结构及特性如表 5 - 4 所示。这类压力计结构简单，使用方便，但其精度受工作液的毛细管作用、密度及视差等因素的影响，测量范围较窄，一般用来测量较低压力、真空度或压力差。它不能进行自动指示和记录，所以应用范围受到限制。

表 5－4　　液柱式压力计的结构及特性

名称	示意图	测量范围	静态方程	备　注
正U形管压差计	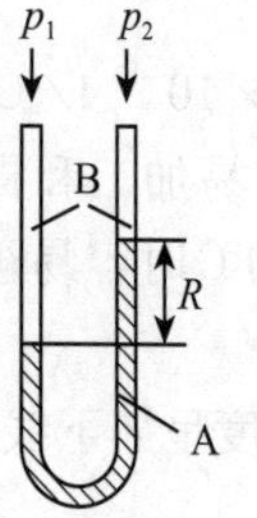 p_1 p_2 B R A	高度差 R 不超过 800mm	$\Delta p = Rg(\rho_A - \rho_B)$（液体） $\Delta p = Rg\rho$（气体）	零点在标尺中间，常用作标准压差计校正流量，适用于指示剂密度大于被测流体的情况
倒U形管压差计	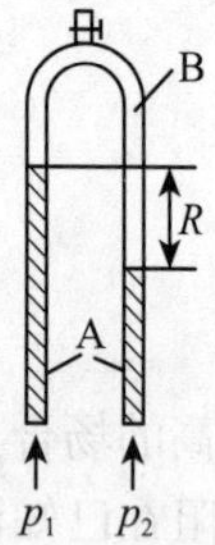 B R A p_1 p_2	高度差 R 不超过 800mm	$\Delta p = Rg(\rho_A - \rho_B)$（液体）	以待测液体为指示液，适用于较小压差、指示剂密度小于被测流体密度的测量
单管压差计	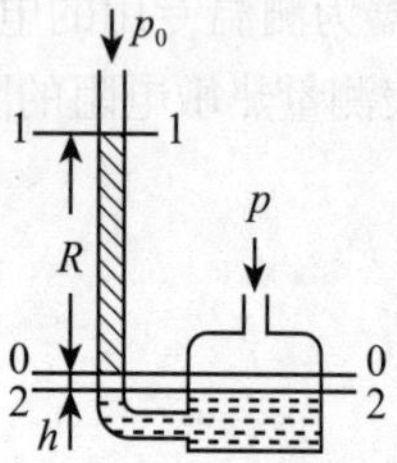 p_0 1 1 R p 0 0 2 2 h	高度差 R 不超过 1500mm	$\Delta p = R\rho(1 + S_1/S_2)g$ 当 $S_1 \ll S_2$ 时 $\Delta p = R\rho g$ S_1：垂直管截面积 S_2：扩大室截面积	零点在标尺下端，用前需调整零点，可用作标准器
斜管压差计	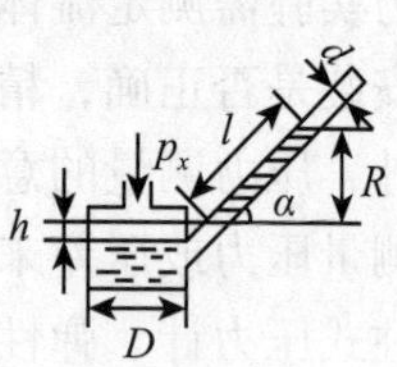 d l p_x h α R D	高度差 R 不超过 1200mm	$\Delta p = l\rho g(\sin\alpha + S_1/S_2)$ 当 $S_1 \ll S_2$ 时 $\Delta p = l\rho g\sin\alpha$ S_1：垂直管截面积 S_2：扩大室截面积	α 小于 15° ~ 20° 时，可改变 α 的大小来调节测量范围。零点在标尺下端，用前需调整
U形管双指示压差计	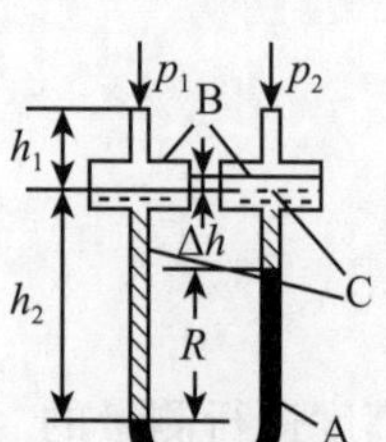 p_1 p_2 B h_1 Δh C h_2 R A	高度差 R 不超过 500mm	$\Delta p = Rg(\rho_A - \rho_C)$	U 形管中装有 A 和 C 两种密度相近的指示液，且两臂上方有扩大室，旨在提高测量精度，适用于压差很小的情况

（2）液柱式压力计使用注意事项。

① 被测压力不能超过仪表测量范围。有时因被测对象突然增压或操作不当造成压力增大，会使工作液冲走。若是水银工作液被冲走，不仅会造成损失，还会污染环境。

② 被测介质不能与工作液混合或起化学反应。若两者会混合或起反应，则应更换工作液或采取加隔离液的方法。常用的隔离液如表 5-5 所示。

表 5-5　某些介质的隔离液

测量介质	隔离液	测量介质	隔离液
氯气	98%的浓硫酸或氟油	氨水	变压器油
氯化氢	煤油	水煤气	变压器油
硝酸	五氯乙烷	氧气	甘油

③ 液柱式压力计安装位置应避开过热、过冷和有震动的地方。

④ 液柱式压力计使用前应将工作液面调整到零位线上。

⑤ 在读取压力值时，视线应在液柱面上，观察水时应看凹面处，观察水银面时应看凸面处。

⑥ 工作液为水时，可在水中加入一点墨水或其他颜料，以便于观察读数。

5.2.2　弹性式压力计

弹性式压力计是利用各种形式的弹性元件，在被测介质压力的作用下，使弹性元件受压后产生弹性变形而制成的测压仪表。这种仪表具有结构简单，使用可靠，读数清晰，价格低，测量范围宽，以及有足够的精度等优点。若增加附加装置，如记录机构、电气变换装置、控制元件等，则可以实现压力的记录、远传、信号报警、自动控制等，是一种应用最为广泛的测压仪表。弹性式压力计的结构及特性见表 5-6。本节重点介绍弹簧管压力表。

表 5-6　弹性式压力计的结构及特性

类　别	名　称	示意图	测压范围/Pa	
			最小	最大
薄膜式	平薄膜	x p_x	$0\sim10^4$	$0\sim10^4$
	波纹膜	x p_x	$0\sim1$	$0\sim10^6$
	挠性膜	p_x x	$0\sim10^{-2}$	$0\sim10^5$

续表

类　别	名　称	示意图	测压范围/Pa	
			最小	最大
波纹管式	波纹管		0 ~ 1	0 ~ 10^6
弹簧管式	单圈弹簧管		0 ~ 10^2	0 ~ 10^9
	多圈弹簧管		0 ~ 10	0 ~ 10^8

（1）弹簧管压力表的工作原理。

弹簧管压力表的构造工作原理如图 5 - 6 所示。弹簧管 1 是压力表的测量元件，图中所示为单圈弹簧管，它是一根成弧形的扁椭圆状的空心金属管。管子的自由端 B 封闭，管子的另一端固定在接头 9 上，其与测压点相接。受压后，弹簧管发生弹性变形，使自由端 B 产生位移。由于输入压力与弹簧管自由端 B 的位移成正比，所以只要测得 B 点的位移量，就能反映出压力的大小，这就是弹簧管压力表的基本测量原理。

弹簧管的自由端 B 的位移量一般很小，直接显示有困难，所以必须通过放大机构才能指示出来。具体放大过程如下：弹簧管自由端 B 的位移通过拉杆 2，使扇形齿轮 3 作逆时针偏转，于是指针 5 通过同轴的中心齿轮 4 的带动而作顺时针偏转，在面板 6 的刻度标尺上指示出被测压力的数值。由于弹簧管的自由端的位移与被测压力之间具有正比关系，因此弹簧管压力表的刻度标尺是线性的。

游丝 7 用来克服因扇形齿轮和中心齿轮间的传动间隙而产生的仪表变差。改变调整螺钉 8 的位置（即改变机械传动的放大系数），可以实现压力表量程的调整。

（2）弹簧管压力表使用安装中的注意事项。

正确地使用和安装压力表，是保证测量结果准确性和压力表使用寿命的重要环节。

① 应根据工艺要求正确选用仪表类型。测量爆炸性、腐蚀性、有毒流体的压力时，应使用专用的仪表。例如，普通压力表的弹簧管多采用铜合金，而氨用压力表弹簧管的材料都为碳钢，不允许采用铜合金，因为氨气对铜的腐蚀极强；又如氧用压力表禁油，因为油进入氧气系统易引起爆炸。

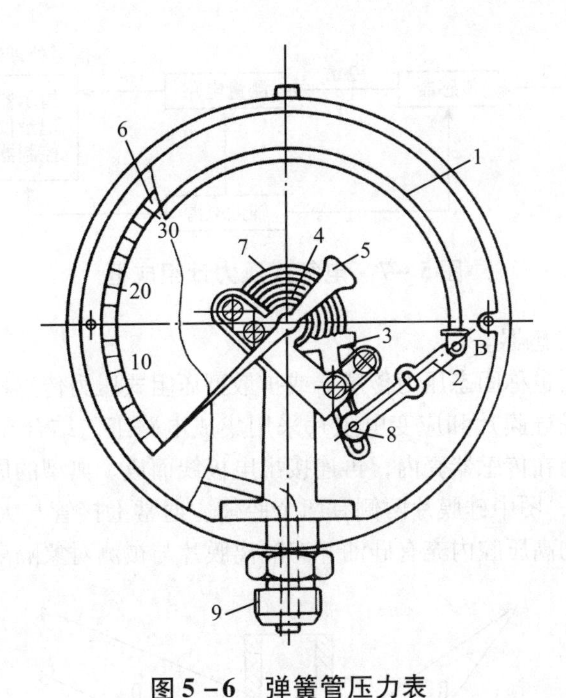

图 5 -6　弹簧管压力表

1 - 弹簧管；2 - 拉杆；3 - 扇形齿轮；4 - 中心齿轮；5 - 指针；6 - 面板；
7 - 游丝；8 - 调整螺钉；9 - 接头

② 仪表应工作在允许的压力范围内。一般被测压力最大值不应超过仪表刻度的2/3，如测量脉动压力，不应超过测量上限的 1/2；而这两种情况被测压力都不应低于仪表刻度的 1/3。

③ 仪表安装处与测定点间的距离应尽量短，以免指示迟缓。

④ 仪表必须垂直安装并无泄漏现象。

⑤ 在振动情况下使用仪表时，要装减震装置。测量蒸汽压力时，应加装凝液管，以防高温蒸汽直接与测压元件接触。测量腐蚀性介质的压力时，应加装有中性介质的隔离罐。

⑥ 当被测压力较小，而压力表与取压口又不在同一高度时，由此高度引起的测量误差应按 $\Delta p = \pm h\rho g$ 进行修正（式中 h 为高度差，ρ 为导压管中介质的密度，g 为重力加速度）。

⑦ 仪表必须定期校验。

5.2.3　电气式压力计

电气式压力计是一种能将压力转换成电信号进行传输及显示的仪表。这种仪表的测量范围广，可以远距离传送信号，可实现压力的自动控制。

电气式压力计一般由压力传感器、测量电路和信号处理装置组成，如图 5 -7 所示。常用的信号处理装置有指示仪、记录仪以及控制器、微处理器等。压力计中的压力传感器有压磁式、压电式、电容式、电感式和电阻应变式等。下面主要介绍压阻式压力传感器和电容式压力传感器。

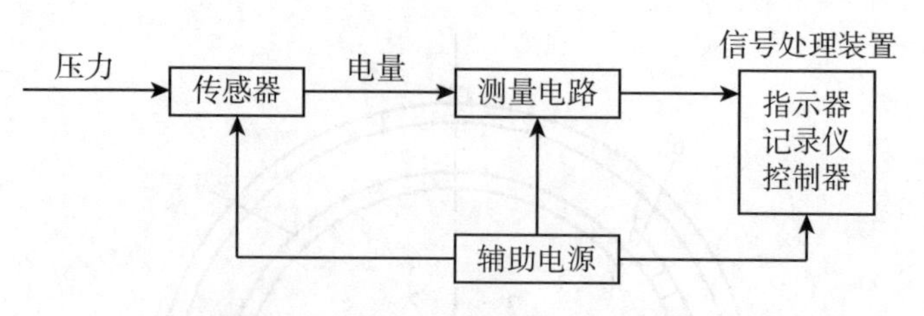

图 5 -7　电气式压力计组成框

（1）压阻式压力传感器。

压阻式压力传感器也称固态压力传感器或扩散型压阻式压力传感器。其工作原理是单晶硅的压阻效应。将单晶硅膜片和应变电阻片采用集成电路工艺结合在一起，构成硅压阻芯片，然后将此芯片封装在传感器壳内，再连接出电极线而成。典型的压阻式压力传感器的结构原理如图 5 -8 所示，图中硅膜片两侧有两个腔体，通常上接管与大气或与其他参考压力源相通，下接管相连的高压腔内充有硅油并有隔离膜片与被测对象隔离。

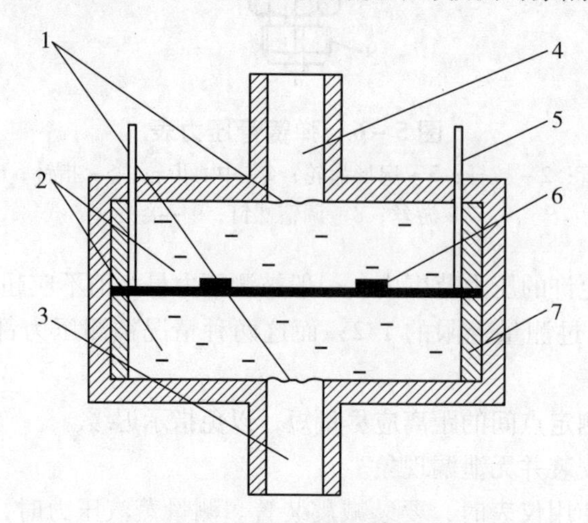

图 5 -8　压阻式压力传感器的结构原理

1 - 隔离膜片；2 - 硅油；3 - 高压端；4 - 低压端；5 - 引线；6 - 硅膜片及应变电阻；7 - 支架

当被测对象的压力通过下引压管线、隔离膜片及硅油，作用于硅膜片上时，硅膜片产生变形，膜片上的 4 个应变电阻片两个被压缩、两个被拉伸，使其构成的惠斯通电桥内电阻发生变化，并转换成相应的电信号输出。电桥采用恒压源或恒流源供电，减小了温度对测量结果的影响。应变电阻片的变化值与压力呈良好的线性关系，因而压阻式压力传感器的精度常可达 0.1%。

压阻式压力传感器具有精度高、工作可靠、频率响应高、迟滞小、尺寸小、重量轻、结构简单等特点，可以在恶劣的环境下工作，便于实现显示数字化。

（2）电容式压力传感器。

电容式压力传感器是利用两平行板电容测量压力的传感器，如图 5 -9 所示。当压力 p 作用于膜片时，膜片产生位移，改变板间距 d，引起电容量发生变化，经测量线路的转换，可求出作用压力 p 的大小。当忽略边缘效应时，平板电容器的电容量 C 为：

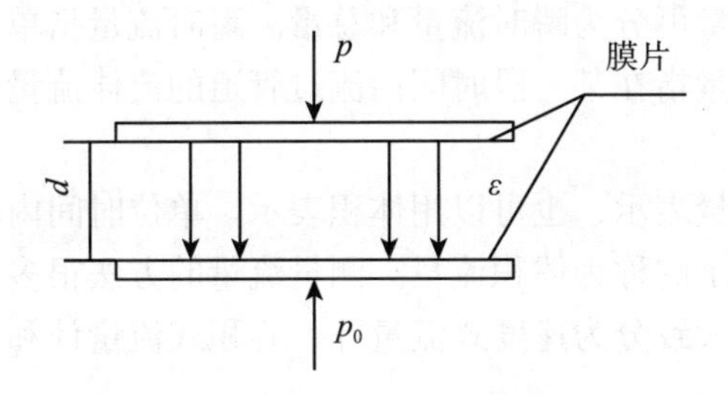

图 5-9　电容式压力传感器原理

$$C = \frac{\varepsilon S}{d} \tag{5-8}$$

式中，ε——介电常数；

S——极板间重叠面积；

d——极板间距离。

由式（5-8）可知，电容量 C 的大小与 ε、S 和 d 有关，当被测压力影响三者中的任一参数，均会改变电容量。所以，电容式压力传感器可分为变面积式、变介电质式和变极间距离式3种。

电容式压力传感器的主要特点如下：

① 灵敏度高，故特别适用于低压和微压测试。

② 内部无可动件，故不消耗能量，测量误差小。

③ 膜片质量很小，因而有较高的频率，从而保证良好的动态响应能力。

④ 用气体或真空作绝缘介质，其损失小，本身不会引起温度变化。

⑤ 结构简单，多数采用玻璃、石英或陶瓷作为绝缘支架，因而可以在高温、辐射等恶劣条件下工作。

近年使用了新材料、新工艺和微型集成电路，并将电容式压力传感器的信号转换电路与传感器组装在一起，有效地消除了电噪声和寄生电容的影响。电容式压力传感器的测量压力范围可从几十帕至百兆帕，使用范围得以拓展。

5.2.4　活塞式压力计

活塞式压力计是根据水压机液体传送压力原理，将被测压力转换成活塞上所加平衡砝码的质量来进行测量的。它的测量精度很高，允许误差可小到0.05%～0.02%，但结构较复杂，价格较贵，一般作为标准型压力测量仪器来检验其他类型的压力计。

5.3　流量测量

在化工生产和实验中，经常要测量各种介质（液体、气体和蒸汽等）的流量，以便为操作和控制提供依据。流量可分为瞬时流量和总量。瞬时流量指单位时间内流过管道某一截面的流体数量的大小；总量指在某一段时间内流过管道的流体流量的总和，即瞬时流量在某一段时间内的累计值。

流量和总量可以用质量表示，也可以用体积表示。单位时间内流过的流体以质量表示的称为质量流量，以体积表示的称为体积流量。测量流量的方法很多，其测量原理和所应用的仪表结构形式各不相同，大致分为速度式流量计、容积式流量计和质量流量计三类。

5.3.1 速度式流量计

速度式流量计是一种以测量流体在管道内的流速作为测量依据来计算流量的仪表。如差压式流量计、转子流量计、电磁流量计、涡轮流量计、堰式流量计等。本节介绍常用的差压式流量计、转子流量计和涡轮流量计。

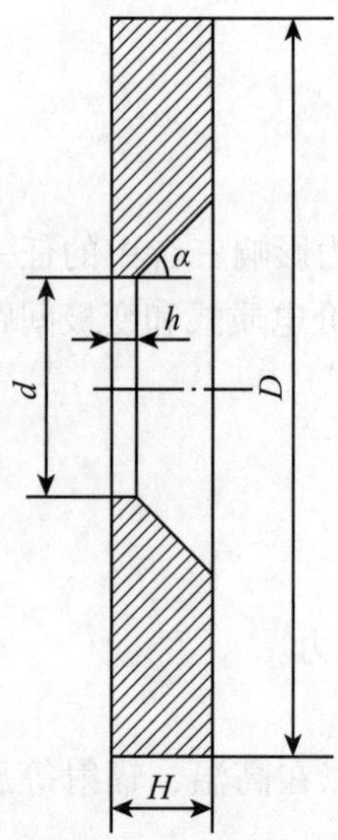

（1）差压式流量计。

差压流量计是利用流体流经节流装置或匀速管时产生的压力差来实现流量测量的。其中用节流装置和差压计所组成的差压式流量计，是目前工业生产和实验装置中应用最广的一种流量测量仪表。通用的节流装置有孔板（如图5-10所示）、喷嘴、文丘里管等。这里重点介绍孔板流量计。

图5-10 孔板断面

孔板流量计是通过测量流体流经孔板前后引起的压力变化来求流体的体积流量的流量计，流量计的读数与流体体积流量的关系为：

$$V_s = C_0 A_0 \sqrt{\frac{2gR(\rho_A - \rho)}{\rho}} \tag{5-9}$$

式中，C_0——孔流系数；

A_0——孔板小孔的截面积；

ρ_A——指示液的密度。

R——指示液液面的高度差。

对于按标准规格及精度制作的孔板，用角接法取压（称标准孔板），C_0 取决于截面比 A_0/A_1（A_1 为管截面积）及管内雷诺数 Re_1。从图5-11中可以看出，Re_1 超过某限值之后，C_0 不再随 Re_1 而变，成为常数。显然，在孔板的设计和使用中，希望 Re_1 大于界限值。

孔板构造简单，制造和安装都很方便，其主要缺点是阻力损失大，使流体的最大通过能力下降颇多。

（2）转子流量计。

转子流量计与前面所述的差压式流量计在工作原理上是不同的。差压式流量计是在节流面积（如孔板流通面积）不变的条件下，以差压变化来反映流量的大小。而转子流量计却是以压降不变，利用节流面积的变化来测量流量的大小，即转子流量计采用的是恒压降、变节流面积的流量测量方法。这种流量计特别适宜测量管径50mm以下管道的流量，测量的流量可小到每小时几升，因此在实验室中得到广泛的应用。

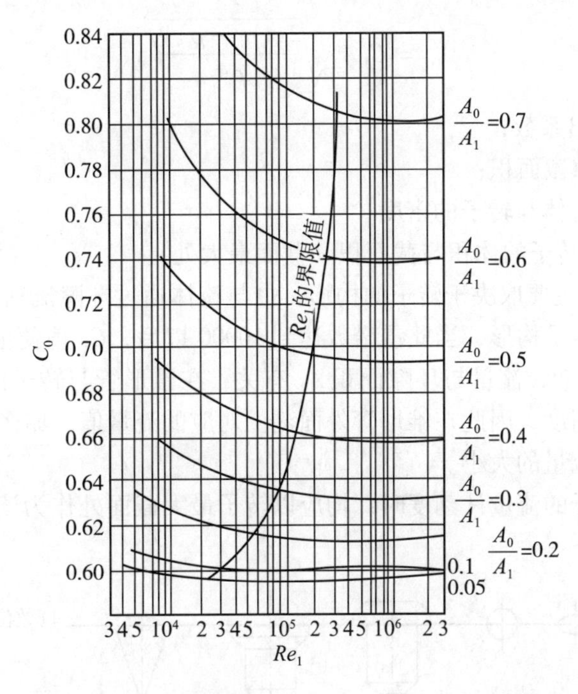

图 5－11　孔流系数 C_0 与 Re_1 及 A_0/A_1 的关系

① 转子流量计的工作原理。转子流量计主要由两部分组成，一个是由下往上逐渐扩大的锥形管（通常用玻璃制成，锥度为 40′～3°）；另一个是放在锥形管内可自由运动的转子（用金属或其他材料制成）。转子平时沉在管下端，有流体自下而上流动时，它即被推起而悬浮在管内的流体中，随流量大小不同，转子将悬浮在不同的位置上，如图 5－12 所示。

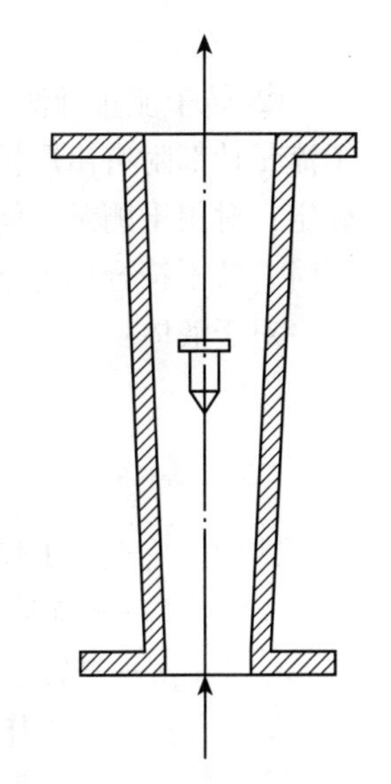

图 5－12　转子流量计工作原理

当有流体流过锥形管时，位于锥形管中的转子受到向上的一个力，使转子浮起。当这个力正好等于浸没在流体里的转子重力（即等于转子重量减去流体对转子的浮力）时，则作用在转子上的上下两个力达到平衡，此时转子就停浮在一定的高度上。假如被测流体的流量突然由小变大时，作用在转子上的向上的力就大，因为转子在流体中受的重力是不变的，所以转子就上升。由于转子在锥形管中的位置升高，造成转子与锥形管的环隙增大，即流通面积增大。随着环隙的增大，流过此环隙的流体流速变慢，因而流体作用在转子上的向上力也就变小。当流体作用在转子上的力再次等于转子在流体中的重力时，转子又稳定在一个新的高度上。这样，转子在锥形管中的平衡位置的高低与被测介质的流量大小相对应。这就是转子流量计测量流量的基本原理。

体积流量的计算式为：

$$V_s = C_R A_2 \sqrt{\frac{2g(\rho_f - \rho)V_f}{\rho A_f}} \tag{5-10}$$

式中，C_R——排出系数；

A_2——环隙截面积；

ρ，ρ_f——流体与转子的密度；

V_f，A_f——转子的体积与截面积（截面最大处）。

排出系数 C_R 的值主要取决于转子的构形，也与流体通过环隙流动的雷诺数有关。对于如图 5－12 中所示的转子构形，当此雷诺数达到 10000 以后，C_R 值便恒定等于 0.98。

由式（5－10）可知，流量与环隙面积 A_2 有关，在锥形管与转子的尺寸固定时，此 A_2 决定于转子在管内的高度，因此在锥形管外面刻上对应的流量值，那么根据转子平衡位置的高低就可以直接读出流量的大小。

读取不同形状转子的流量计刻度时，均应以转子最大截面处作为读数基准，如图 5－13 所示。

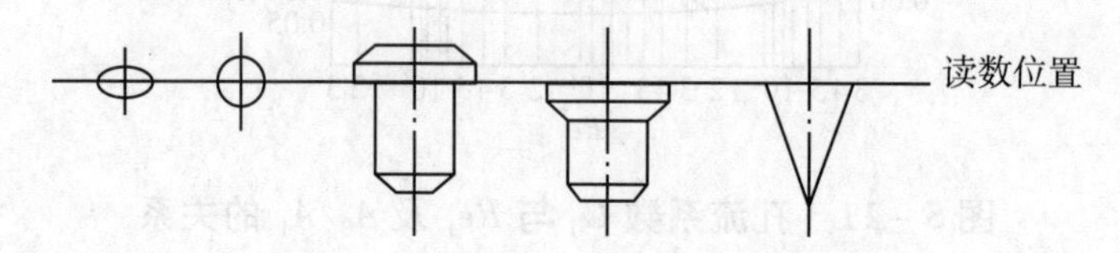

图 5－13　不同转子流量计的正确读数位置

② 转子流量计测定其他物质时流量的换算。转子流量计是一种非标准化仪表，每个转子流量计都附有出厂标定的流量数据。对用于测量液体的流量计，生产厂家是用 20℃ 的水标定；对用于测量气体的流量计，则是用 20℃、101.33kPa 下的空气进行标定。因此，在使用时，若不符合标定条件，则需按下式修正：

对于液体：

$$V_1 = V_0 \sqrt{\frac{(\rho_f - \rho_1)\rho_0}{(\rho_f - \rho_0)\rho_1}} \tag{5-11}$$

式中，V_1——工作状态下液体的实际流量；

V_0——转子流量计用水标定的读数；

ρ_f——转子的密度；

ρ_1——工作状态下液体的密度；

ρ_0——出厂标定时水的密度。

对于气体：

$$V_1 = V_0 \sqrt{\frac{\rho_0 p_0 T_1}{\rho_1 p_1 T_0}} \tag{5-12}$$

式中，V_1，ρ_1，p_1，T_1——分别为工作状态下的流体体积流量、密度、绝对压力和绝对温度；

V_0, ρ_0, p_0, T_0——分别为标定状态下的水的体积流量、密度、绝对压力和绝对温度。

③ 转子流量计量程的改变。当测量范围超出现有转子流量计的量程时，可以通过改变转子密度的方法来改变量程，方法有：改变转子的材料，将实心转子掏空，或向空心转子内加填充物。在转子形状和尺寸保持相同的情况下，流量可按下式换算：

$$V'_0 = V_0\sqrt{\frac{\rho'_{\mathrm{f}} - \rho_0}{\rho_{\mathrm{f}} - \rho_0}} = V_0\sqrt{\frac{m'_{\mathrm{f}} - V_{\mathrm{f}}\rho_0}{m_{\mathrm{f}} - V_{\mathrm{f}}\rho_0}} \tag{5-13}$$

式中，V_0，ρ_0，ρ_f，m_f——分别为转子改变前的流体体积流量、流体密度、转子密度和转子质量；

V'_0，ρ'_f，m'_f——分别为转子改变后的流体体积流量、转子密度和转子质量。

(3) 涡轮流量计。

涡轮流量计是在动量矩守恒原理的基础上设计的。在流体流动的管道内，安装一个可以自由转动的叶轮。当流体通过涡轮时，涡轮的叶片因流动流体冲击而旋转，旋转速度随流量的变化而变化。在规定的流量范围和一定的流体粘度下，转速与流速呈线性关系。因此，测出叶轮的转速或转数，就可确定流过管道的流体流量或总量。

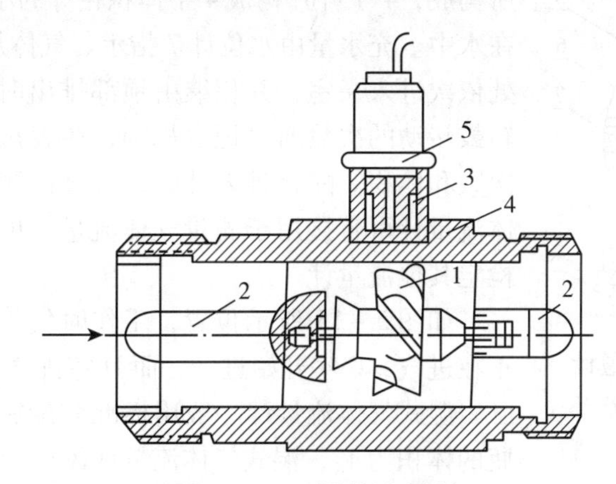

图 5-14　涡轮流量计

1-涡轮；2-导流器；3-磁电感应转换器；4-外壳；5-前置放大器

涡轮流量计的结构示意图如图 5-14 所示，它主要由下列几部分组成：涡轮 1 是用高导磁系数的不锈钢材料制成，叶轮芯上装有螺旋形叶片，流体作用于叶片上使之转动。导流器 2 是用以稳定流体的流向和支承叶轮的。磁电感应转换器 3 是由线圈和磁钢组成，用以将叶轮的转速转换成相应的电信号，以供给前置放大器进行放大。整个涡轮流量计安装在外壳 4 上，外壳由非导磁的不锈钢制成，两端与流体管道相连接。

涡轮流量计的工作过程如下：当流体通过涡轮叶片与管道之间的间隙时，由于叶片前后的压差产生的力推动叶片，使涡轮旋转。在涡轮旋转的同时，高导磁的涡轮就周期性地扫过磁钢，使磁路的磁阻发生周期性的变化，线圈中的磁通量也跟着发生周期性的变化，线圈中便感应出交流电信号。交流电信号的频率与涡轮的转速成正比，也即与流量成正比。这个电信号经前置放大器放大后，送往电子计数器或电子频率计，以累积或指示流量。

涡轮流量计安装方便，磁电感应转换器与叶片间不需密封和齿轮传动机构，因而测量精确度高，可耐高压。由于基于磁感应转换原理，故反应快，可测脉动流量。输出信号为电频率信号，便于远传，不受干扰。

涡轮流量计的涡轮容易磨损，因此被测介质中不应带机械杂质，一般应加过滤器。它应水平安装，且必须保证前后有一定的直管段，以使流体流动比较稳定。一般入口直管段的长度取管道内径的10倍以上，出口取5倍以上。

5.3.2 容积式流量计

这是一种以单位时间内所排出的流体的固定容积的数目作为测量依据来计算流量的仪表。下面仅介绍实验室常用的湿式流量计。

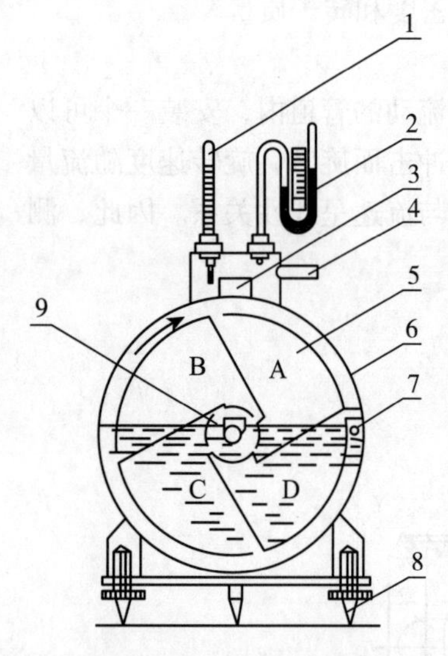

图5-15 湿式流量计

1-温度计；2-压差计；3-水平仪；4-排气管；5-转鼓；6-壳体；7-水位计；8-可调支脚；9-进气管

湿式流量计主要由鼓形壳体、转鼓及传动记数机构所组成，如图5-15所示。转鼓是由圆筒及4个弯曲形状的叶片所构成，4个叶片构成4个体积相等的小室。鼓的下半部浸没在水中。充水量由水位计7指示。气体从背部中间的进气管9处依次进入一室，并相继由顶部排出时，迫使转鼓转动。由转鼓转动的次数通过记数机构，在表盘上显示出转鼓转动的次数和体积。配合秒表计时，可直接测定气体流量。湿式气体流量计可直接用于测量气体流量，也可用来作标准仪器以检定其他流量计。

如图5-15所示位置，工作时气体由进气管进入，B室正在进气，C室开始进气，而D室排气将尽。

湿式气体流量计一般用标准容量瓶进行校准。标准容量瓶的体积为V_v，湿式气体流量计体积示值为V_w，则两者差值ΔV为$\Delta V = V_v - V_w$。当流量计指针回转一周时，刻度盘上总体积为5L，一般配置1L容量瓶进行5次校准，流量计总体积示值为$\sum V_w$，则平均校正系数为：

$$C_w = \frac{\sum \Delta V}{\sum V_w}$$

因此，经校准后，湿式流量计的体积流量V_s与流量计示值V'_s之间的关系应为：

$$V_s = V'_s + C_w V'_s$$

5.3.3 质量流量计

这是一种以测量流体流过的质量为依据的流量计。质量流量计分直接式和间接式（也称推导式）两种。直接式质量流量计直接测量质量流量，有量热式、角动量式、陀螺式和科里奥利力式等。间接式质量流量计是用密度与容积流量经过运算求得质量流量的。质量流量计具有测量精度不受流体的温度、压力、粘度等变化影响的优点，是一种发展中的流量测量仪表。

流量计的种类很多，随着工业生产自动化水平的提高，出现了许多新的流量测量仪表。超声波、激光、X 射线及核磁共振等逐渐应用到工业生产中，形成目前较新的流量测量技术。

第二篇 实　验

第 6 章

化工原理计算机仿真实验

计算机仿真实验教学是当代非常重要的一种教学辅助手段，它形象生动且快速灵活，集知识掌握和能力培养于一体，是提高实验教学效果的一项十分有力的措施。

1. 仿真软件的组成。

本套软件系统包括 8 个单元操作仿真实验与演示实验：

实验一　离心泵仿真实验

实验二　阻力仿真实验

实验三　传热仿真实验

实验四　流体流动形态的观察

实验五　柏努利方程演示实验

实验六　吸收仿真实验

实验七　干燥仿真实验

实验八　精馏仿真实验

2. 仿真软件操作的一般规则。

首先进入要运行的单元操作所在的子目录，待屏幕显示版本信息后，连续按回车键或空格键，直至显示如下仿真实验选择菜单：

1. 仿真运行
2. 实验测评
3. 数据处理
4. 退出

请选择 1，2，3，4

根据指导教师要求选择相应的内容进行操作。

（1）仿真运行操作。

当显示菜单后，按数字 1 键，屏幕显示流程图，并且在屏幕下部显示如下菜单：

1. 帮助信息
2. 仿真操作
3. 退出

按2键进入仿真操作，装置图下方显示实验各控制点的操作代码，即仿真操作主菜单。每项控制点由数字代码表示，选定后按↑键或者↓键进行开、关或量的调节。根据化工原理实验操作程序的要求，选择操作菜单提示的各项控制点依次进行操作。每完成一项操作后按回车键，又回到仿真操作主菜单。

当需要记录数据时，按R或者W键，自动将当前状态的数据记录下来并存入硬盘中，以便数据处理时调用。

（2）实验测评操作。

在仿真实验选择菜单上按2键，选择实验测评，此时屏幕显示第一大题，可按↑或者↓键选择每小题进行回答，选中小题后即在题号左端出现提示符，认为对的按Y键，错的按N键。测评题目要求全判断，即多项双向选择。做完一大题后，可按PgDn键选择下一大题，也可按PgUp键选上一大题，可对选中的小题进行修改，即更正原先的选择。按数字0键选择答题总表，以便观察各题解答情况。

整个操作在屏幕下方有详细说明。当做题时间满15min或按“Ctrl + End”键，计算机自动退出并给出测评分数，再按回车键返回主菜单。

（3）数据处理操作。

在仿真实验选择菜单上按3键，选择数据处理。数据处理程序可处理仿真操作所记录的数据，也可以处理从实验装置采集的数据。

① 处理仿真操作实验数据。进入数据处理操作后，连续按↓键或↑键，使选择标记，即“长方格”移动至“读磁盘数据”一栏，按回车键，屏幕左下方提示输入数据，按R键即读入磁盘数据（做过仿真操作才有数据）。然后，再按↓键，每按一次读入一组仿真操作时所采集到的数据，直到读完为止。要显示或打印，则将“长方格”移至“显示或打印”栏中，按回车键，即可把实验数据按实验报告的形式显示或打印出来。每按一次回车键，即显示一次屏幕数据或图形，连续按回车键直到显示完为止。选中“退出”栏，按回车键则退出数据处理系统。

② 处理从实验装置采集的数据。选中要输入数据的那一栏，按回车键，输入相应的符号或数据，再按回车键，便改变原来数据而输入新的数据。输入各项数据时，可用→键或者←键进行输入或修改，直至正确为止。最后选中“显示或打印”栏，按回车键，显示数据处理结果。

6.1 实验一 离心泵仿真实验

本仿真实验可测定离心泵3条特性曲线和演示离心泵的汽蚀现象。

6.1.1 常规操作和操作代码

进入仿真软件目录，键入 PUMP 后按回车键，出现音乐、实验项目等时，连续按回车键或者按空格键，直到出现仿真实验选择菜单。选 1 即进入仿真运行，此时屏幕出现实验装置图；选 2 进入仿真操作，图形下方显示实验各操作控制点的说明，即仿真操作主菜单，选择相应的代码进行操作。选定后按↑键或者↓键进行开、关或量的调节。当需要记录数据时，按 R 键或者 W 键，就会自动将当前状态的数据记录下来并存入硬盘中，以便数据处理时调用。每完成一项操作，按回车键，又回到操作主菜单。操作代码如下：

1——灌水阀 V1　　　　　　2——离心泵进水阀 V2

3——离心泵排水阀 V3　　　　4——离心泵电源开关

5——天平砝码操作　　　　　0——返回（退出仿真操作）

注：本实验中，离心泵出口压力示值为 kgf/cm^2，离心泵进口真空表示值为 mmHg，转速示值为 r/min，涡轮流量计示值频率单位为 Hz。

6.1.2 仿真实验步骤

（1）离心泵的排气灌水操作：关闭离心泵进水阀 V2（首次操作时已关闭，无需操作），打开排水阀 V3，即按数字键 3，再按↑键，按回车键回到主菜单，选 1 并按↑键，打开灌水阀 V1（阀门红色时表示打开，无色时表示关闭）。然后再关闭灌水阀 V1 和排水阀 V3，灌水完毕，按回车键回到主菜单。

（2）启动水泵，选 4 并按↑键即泵启动。

（3）全开进水阀 V2，使 V2 开度至 100%。

（4）调整天平砝码，按↑键添加砝码，按↓键减少砝码，使天平平衡。

（5）按 R 键，读取离心泵流量为 0 时的第一组数据（包括流量，泵进、出口压强，泵转速和测功仪所加的砝码质量等数据）。

（6）打开泵排水阀 V3 至某一值，重新调整天平砝码使其平衡。

（7）按 R 键读取第二组数据。

（8）重复 6 ~ 7 项操作，记录约 10 组数据，包括大流量数据。

以上为泵性能曲线测定实验仿真操作。

（9）汽蚀现象演示操作：调整排水阀 V3，使涡轮流量计显示在 100 左右。逐步关小进水阀 V2，并开大排水阀 V3，保持流量显示在 100 左右，当发生汽蚀现象时，泵发出不同的噪声，流量突然下降，然后开大进水阀 V2。

（10）关闭排水阀 V3。

（11）停泵：按 4 键，再按↓键。退出：按 0 键，再按回车键。

注：操作中，按一下 F 键或者 L 键，可加快或减缓调节流量或砝码的速度。

6.2 实验二 流体阻力仿真实验

本实验内容有两项：一是测定水平直管的摩擦系数与雷诺准数的关系；二是测定90°标准弯头的局部阻力系数。有关内容参看仿真流程图。

6.2.1 常规操作和操作代码

进入仿真软件目录，键入LOSS后按回车健，出现音乐、实验项目等时，连续按回车键或者按空格键，直到出现仿真实验选择菜单。选1即进入仿真运行，此时屏幕出现实验装置图；选2进入仿真操作，图形下方显示实验各操作控制点的说明，即仿真操作主菜单，选择相应的代码进行操作。选定后按↑键或者↓键进行开、关或量的调节。当需要记录数据时，按R键或者W键，自动将当前状态的数据记录下来并存入硬盘中，以便数据处理时调用。每完成一项操作，按回车键又回到操作主菜单。操作代码如下：

1——泵灌水阀V1　　2——泵进水阀V2
3——泵排水阀V3　　4——压差计与管路连接阀V4
5——压差计进气排水阀V5　　6——压差计连接阀V6
7——压差计进气排水阀V7　　8——泵电源开关
0——返回

注：实验中所用流量计为涡轮流量计，其示值频率单位为Hz。

6.2.2 仿真实验步骤

（1）离心泵的排气灌水操作。关闭泵进水阀V2，打开排水阀V3，打开灌水阀V1（阀红色时表示打开，无色时表示关闭）。再关闭灌水阀V1和排水阀V3，灌水完毕。

（2）启动水泵，选8并按↑键即泵启动。

（3）全开进水阀V2，使V2开度至100%。

（4）适度打开排水阀V3（不宜过小）。

（5）压差计排气灌水操作。打开阀V4，打开阀V5，接着关闭阀V5；打开阀V6和V7，排气后关闭阀V7。

（6）打开泵排水阀V3至某一值（从大流量开始测数据）。

（7）按R键，读取第一组数据（包括管路流量和两个压差计的读数）。

（8）重复6~7项操作，记录10组左右数据（数据点宜前疏后密）。

（9）关闭出口阀V3。

（10）停泵，退出。

注：操作中，按一下F键或L键，可加快或减缓调节流量的速度。

6.3 实验三 传热仿真实验

本实验测定蒸汽在管间，空气在圆形直管内，作强制湍流时的对流传热关联式。

6.3.1 常规操作和操作代码

进入仿真软件目录，键入 HEAT 后按回车键，出现音乐、实验项目等时，连续按回车键或者按空格键，直到出现仿真实验选择菜单。选 1 即进入仿真运行，此时屏幕出现实验装置图；选 2 进入仿真操作，图形下方显示实验各操作控制点的说明，即仿真操作主菜单，选择相应的代码进行操作。选定后按↑键或者↓键进行开、关或量的调节。当需要记录数据时，按 R 键或者 W 键，自动将当前状态的数据记录下来并存入硬盘中，以便数据处理时调用。每完成一项操作，按回车键又回到操作主菜单。操作代码如下：

1——风机开关 K1　　2——热电偶测温观察转换开关

3——换热器排气阀 V1　　4——空气流量调节阀 V2

5——加热蒸汽调节阀 V3　　0——返回

注：实验中流量计为孔板流量计，其示值单位为 mmH_2O，温度示值单位为 mV。

6.3.2 仿真实验步骤

（1）打开风机开关 K1，即选数字键 1，按↑键，再按回车键。

（2）开启空气流量调节阀 V2。

（3）打开蒸汽调节阀 V3，使压强表显示在 0.5 ~ 0.6kgf /cm^2左右。

（4）打开换热器排气阀 V1 片刻，以排除不凝性气体，然后关闭 V1。

（5）调 V2 至某一开度（不宜过小），当各点温度稳定后，按 R 键记录第一组数据，包括空气流量、空气进出口温度、空气压强、蒸汽温度、壁温等数据。

（6）重复第 5 项操作，记录 7 组数据。

（7）关闭蒸汽调节阀 V3。

（8）关闭风机开关 K1，退出。

注：操作中，按一下 F 键或者 L 键，可加快或减缓调节流量的速度。

6.4 实验四 流体流动形态的观察

6.4.1 常规操作和操作代码

进入仿真软件目录，键入 FLUID 后按回车键，出现音乐、实验题目等时，连续按回车键或者按空格键，直到出现仿真实验选择菜单。选 1 即进入仿真运行，此时屏幕出现实验装置图；选 2 进入仿真操作，图形下方显示实验各操作控制点的说明，即仿真操作主菜单，选择相应的代码进行操作。选定后按↑键或者↓键进行开、关或量的调节。当需要记录数据时，按 R 键或者 W 键，自动将当前状态的数据记录下来并存入硬盘中，以便数据处理时调用。每完成一项操作，按回车键又回到操作主菜单。操作代码如下：

1——自来水进水阀 V1　　2——墨水流量调节阀 V2

3——实验管流量调节阀 V3　　4——排水阀 V4

5——活动管　　0——返回

注：实验中流量计为孔板流量计。

6.4.2 仿真实验步骤

（1）打开自来水进入阀 V1。

（2）待高位槽水满后，打开流量调节阀 V3，使流量保持较低。

（3）打开墨水阀 V2，此时可观察到墨水随水流动的形状为一直线，即层流。

（4）按 R 键记录数据。

（5）逐步调大调节阀 V3，并观察墨水形状，按 R 键记录数据。

（6）重复第 5 项操作，观察到层流和湍流的流动形态，记录若干组数据。

（7）关闭墨水阀 V2。

（8）关闭阀 V3 和 V1，退出。

6.5 实验五　柏努利方程演示实验

6.5.1 常规操作和操作代码

进入仿真软件目录，键入 BLL 后按回车键，出现音乐、实验题目等时，连续按回车键或者按空格键，直到出现仿真实验选择菜单。选 1 即进入仿真运行，此时屏幕出现实验装置图；选 2 进入仿真操作，图形下方显示实验各操作控制点的说明，即仿真操作主菜单，选择相应的代码进行操作。选定后按↑键或者↓键进行开、关或量的调节。当需要记录数据时，按 R 键或者 W 键，自动将当前状态的数据记录下来并存入硬盘中，以便数据处理时调用。每完成一项操作，按回车键又回到操作主菜单。操作代码如下：

1——水泵开关 K1　　2——水流量调节阀 V1

3——测压管方位调节　　0——返回

6.5.2 仿真实验步骤

（1）启动水泵，即按数字键 1，按↑键，待高位槽水满后，再按回车键。

（2）打开流量调节阀 V1，使流量保持较低。

（3）逐步开大调节阀 V1，此时可观察到测压管高度随水流量增大而降低。

（4）改变测压管的测压孔与水流方向的方位角，观察测压管中的水位变化。

（5）关闭 V1 阀，断开电源开关 K1，退出。

6.6 实验六 吸收仿真实验操作

6.6.1 常规操作和操作代码

进入仿真软件目录，键入 ABSO 后按回车键，出现音乐、实验题目等时，连续按回车键或者按空格键，直到出现仿真实验选择菜单。选 1 即进入仿真运行，此时屏幕出现实验装置图；选 2 进入仿真操作，图形下方显示实验各操作控制点的说明，即仿真操作主菜单，选择相应的代码进行操作。选定后按↑键或者↓键进行开、关或量的调节。当需要记录数据时，按 R 键或者 W 键，自动将当前状态的数据记录下来并存入硬盘中，以便数据处理时调用。每完成一项操作，按回车键又回到操作主菜单。操作代码如下：

1——风机开关 K1

2——氨气瓶总阀 V1

3——氨气量调节阀 V2

4——空气流量调节阀 V3

5——自来水流量调节阀 V6

6——尾气采样阀 V7

0——返回

注：实验中流量计为转子流量计。

6.6.2 仿真实验步骤

（1）打开自来水调节阀 V6，即选数字键 5，按↑键或↓键，使喷淋量显示在 60～90 L/min，然后按回车键。

（2）全开风机旁通阀 V3。

（3）启动风机。

（4）逐渐关闭旁通阀 V3 至发生液泛为止，液泛时喷淋器下端出现横条液体波纹（以上是发生液泛现象时的操作）。

（5）调整旁通阀 V3 至某一开度，使空气流量计显示在 20 m^3/h 左右。

（6）打开氨瓶调节阀 V1。

（7）调整氨气调节阀 V2 至氨气流量计示值在 0.5～0.9 m^3/h。

（8）将 1mL 含有红色指示剂的硫酸倒入吸收器内（此步自动完成）。

（9）打开通往吸收器的旋塞 V7。

（10）当吸收液硫酸由红色转变为黄色时，立即关闭旋塞 V7 并按 R 键记录数据。

（11）关闭氨气阀 V1 和 V2。

（12）关闭风机。

（13）关闭喷淋水量调节阀 V6，退出。

注：操作中，按一下 F 键或 L 键，可加快或减缓调节流量的速度。

6.7 实验七 干燥仿真实验

6.7.1 常规操作和操作代码

进入仿真软件目录，键入 DRY 后按回车键，出现音乐、实验项目等时，连续按回车键或者按空格键，直到出现仿真实验选择菜单。选 1 即进入仿真运行，此时屏幕出现实验装置图；选 2 进入仿真操作，图形下方显示实验各操作控制点的说明，即仿真操作主菜单，选择相应的代码进行操作。选定后按↑键或者↓键进行开、关或量的调节。当需要记录数据时，按 R 键或者 W 键，自动将当前状态的数据记录下来并存入硬盘中，以便数据处理时调用。每完成一项操作，按回车键又回到操作主菜单。操作代码如下：

1——电源开关 K1　　2——电源开关 K2

3——电源开关 K3　　4——干燥温度控制调整

5——天平砝码操作　　6——空气流量调节阀 V1

7——旁路阀 V2　　8——空气循环量调节阀 V3

9——电源总开关 K　　0——返回

a——湿球温度计灌水操作　　b——干燥试样（纸板）操作

c——秒表控制操作

注：实验中流量计为孔板流量计，按 c 键则进入秒表控制操作。

6.7.2 仿真实验步骤

（1）给湿球温度计加水，即按 a 键，按↑键，再按回车键。

（2）打开阀门 V2 和 V3。

（3）打开电源开关 K。

（4）关闭阀门 V2 和 V3。

（5）打开加热器开关 K1、K2、K3 以加热空气。

（6）调整温度控制器设定干燥温度，使其指示值在 70℃ ~ 75℃之间（此步骤自动完成）。

（7）当干燥温度 t_1 升至 70℃ ~ 75℃时，关闭一个加热器 K2 或 K3。

（8）调整蝶阀 V1，使孔板流量计（压差计）示值为 60 mmH_2O 左右。

（9）挂上湿纸板试样（即按 b 键，按↑键，再按回车健）。

（10）调整天平砝码使物料重量在 90 ~ 130g 左右，即按数字键 5，再按↑键或↓键，使天平第一行显示值在 90 ~ 130g 范围。第二行数字表示所加砝码比物料重或轻的克数，使其值稍轻一些，即为负值。

（11）进入秒表控制操作，待天平平衡时启动秒表 1，即按 c 键进入秒表控制点，再按数字键 1，然后按 R 键记录初始干燥状态数据，按回车键。

（12）将天平砝码减少 3 g，再进入秒表控制操作。

（13）待天平平衡时停秒表 1，同时启动秒表 2，按 R 键记录一组数据。

（14）将秒表 1 复零，按回车键，再减去天平砝码 3g，又进入秒表控制操作。

（15）待天平平衡时停秒表 2，同时启动秒表 1 和按 R 键记录另一组数据。

（16）秒表 2 复零，按回车键，再减去天平砝码 3 g。

（17）重复第（13）~（16）项操作，至干燥出现降速阶段以后再记录若干组数据。

（18）关闭加热电源 K1、K2、K3 和电源开关 K，退出。

注：操作中，按一下 F 键或 L 键，可加快或减缓调节流量的速度。

6.8 实验八 精馏仿真实验

6.8.1 常规操作和操作代码

进入仿真软件目录，键入 DIST 后按回车键，出现音乐、实验项目等时，连续按回车键或者按空格键，直到出现仿真实验选择菜单。选 1 即进入仿真运行，此时屏幕出现实验装置图；选 2 进入仿真操作，图形下方显示实验各操作控制点的说明，即仿真操作主菜单，选择相应的代码进行操作。选定后按↑键或者↓键进行开、关或量的调节。当需要记录数据时，按 R 键或者 W 键，自动将当前状态的数据记录下来并存入硬盘中，以便数据处理时调用。每完成一项操作，按回车键又回到操作主菜单。操作代码如下：

1——进料泵 P1	2——进料阀 V1
3——回流阀 V2	4——产品阀 V3
5——残液排放阀 V4	6——冷却水进口阀 V5
7——排气阀 V6	8——塔釜加热开关 K1
9——塔釜加热开关 K2	0——返回
a——塔釜加热开关 K3	b——浓度检测

6.8.2 仿真实验步骤

（1）开启进料泵，即按数字键 1，按↑键，再按回车键。

（2）打开进料阀 V1。

（3）待塔釜料液浸没过加热棒后，打开电源开关 K1、K2 和 K3 以加热料液。

（4）打开排气阀 V6，打开冷却水进口阀 V5 和回流阀 V2。

（5）当进料达塔釜体积约 4/5 时停止加料，此时进行全回流。

（6）当塔顶温度指示约为 78℃ ~80℃和塔釜温度为 100℃ ~104℃，并保持基本不变时，打开产品阀 V3，调整至 2 ~2.5 L/h，回流量在 3 ~5 L/h 之间。

（7）打开进料阀 V1，调整至 6 ~ 7.5 L/h。

（8）若塔釜料液上升则打开残液阀 V4，并调整产品、进料、回流量各参数以保持物料平衡。

（9）当操作稳定时，可检测浓度（即按 b 键，其浓度单位为摩尔分率）。

（10）当浓度不变时，按 R 键，读取数据。

（11）关闭产品出口阀、加热电源、进料阀、残液阀、冷却水阀和回流阀。

（12）退出。

注：操作中，按一下 F 键或 L 键，可加快或减缓调节流量的速度。

第 7 章

化工原理实验

7.1　实验一　流体阻力实验

在化工生产中，需要将流体从一台设备输送到另一台设备，或从一个位置输送到另一个位置，这就牵涉到流体输送、流体计量及流体输送机械的选择等问题。因此，为了能更符合现代化工生产的实际，培养学生的工程观念，采用天津大学化工基础实验中心的“化工流动过程综合实验装置”。在该实验装置上可单独进行流体流动阻力和离心泵两个单项实验，也可以进行流体流动阻力及离心泵联合实验，该联合实验装置还可进行离心泵的串联、并联实验。它可以为不同层次的学生提供不同的实验。学生可以根据教学大纲的要求进行实验，也可以根据自己的兴趣进行其他的实验开发、设计和研究等。

本实验装置可测定的项目：光滑管和粗糙管层流、湍流时摩擦系数的测定，球阀局部系数的测定和流量计的校正。

7.1.1　实验目的

（1）学习管路阻力损失 Δp_f、摩擦系数 λ、局部阻力系数 ζ 的测定方法，并通过实验了解它们的变化规律，巩固对流体阻力基本理论的认识。

（2）了解测定摩擦系数的工程意义。

（3）学会倒 U 形压差计和转子流量计的使用方法，以及了解各个管、阀件在管路中的用途。

（4）学习并掌握对数坐标的使用方法。

7.1.2　实验内容

（1）测定光滑管内流体流动的阻力损失 Δp_f、摩擦系数 λ、并绘制 $Re \sim \lambda$ 的关系曲线。

（2）测定粗糙管内流体流动的阻力损失 Δp_f、摩擦系数 λ、并绘制 $Re \sim \lambda$ 的关系曲线。

（3）测定管路部件局部阻力损失 Δp_f 和局部阻力系数 ζ。

7.1.3 实验原理

由于流体存在粘性，在流动的过程中会产生内摩擦消耗一定的机械能，引起阻力损失。管路是由直管和管件（如三通、弯头、阀门）等组成。流体在直管中流动造成的机械能损失称为直管阻力。而流体流经管件等局部地方时由于流道突然变化会引起边界层分离，边界层分离会产生大量的漩涡，引起阻力损失，这种阻力损失称为局部阻力损失。

（1）圆形直管摩擦阻力损失（Δp_f）和摩擦系数（λ）测定原理。

根据流体力学的基本理论，流体在直管中流过时（无论是层流还是湍流），摩擦系数与阻力损失之间存在如下的关系（范宁公式）：

$$\Delta p_f = \lambda \frac{l}{d}\frac{\rho u^2}{2} \tag{7-1-1}$$

在一根等径的水平放置的圆形直管上，如果没有外加流体输送机械做功，流体流经一定长度管路引起的阻力损失 Δp_f 等于此段管路的压力降，即：

$$\Delta p_f = -\Delta p = p_1 - p_2 \tag{7-1-2}$$

因此可通过测定两截面的压差得到阻力损失。在一已知长度、管径的等径水平管段上，通过改变流体的流速，即可测出不同 Re 下的阻力损失 Δp_f，按式（7-1-1）反求出摩擦系数 λ，即可得出一定相对粗糙度的管子的 $Re \sim \lambda$ 的关系。

层流时摩擦阻力损失的计算式可由理论推导得到，即哈根—泊谡叶公式：

$$\Delta p_f = \frac{32\mu l u}{d^2} \tag{7-1-3}$$

式中，Δp_f——摩擦阻力损失，Pa；

μ——流体的粘度，$N \cdot s/m^2$；

l——管段长度，m；

u——流速，m/s；

d——管径，m。

由式（7-1-3）可知层流时的压力损失与速度的一次方成正比，层流时的摩擦系数为：

$$\lambda = \frac{64}{Re} \tag{7-1-4}$$

湍流时由于情况复杂得多，未能得出较精确的计算 λ 的理论公式，但可以用因次分析方法来找出它们之间的关系。通过因次分析方法可知：直管的摩擦系数是雷诺数 Re 和管壁的相对粗糙度 ε/d 的函数，即：

$$\lambda = \phi(Re, \varepsilon/d) \tag{7-1-5}$$

若相对粗糙度一定，λ 是 Re 的函数，即 $\lambda = \phi$（Re）。

通过实验可测出层流或湍流时摩擦系数 λ 与 Re 的关系并汇出 λ 与 Re 的关系曲线，还可将实验结果与已知的式（7－1－4）、式（7－1－5）进行对比。

（2）局部阻力损失（Δp_f）和局部阻力系数（ζ）的测定原理。

流体流经管件、阀门等局部地方引起的局部阻力损失可以通过阻力系数法测定，即可以表示成动能的一个倍数：

$$\Delta p_f' = \zeta \frac{\rho u^2}{2} \qquad (7-1-6)$$

式中，ζ——局部阻力系数。

阻力系数测定方法与摩擦系数一样，只要测出流体经过管件时的阻力损失 $\Delta' p_f$ 以及流体通过管路的流速 u，即可通过式（7－1－6）计算出局部阻力系数 ζ。但在测定局部阻力时，由于在管件前后流体的流动属于不稳定流动，测压口不能取在紧靠管件处，而是取在距管件一定距离的管子上，因此本实验局部阻力测量的取压口采用如图 7－1－1 所示的布置图。

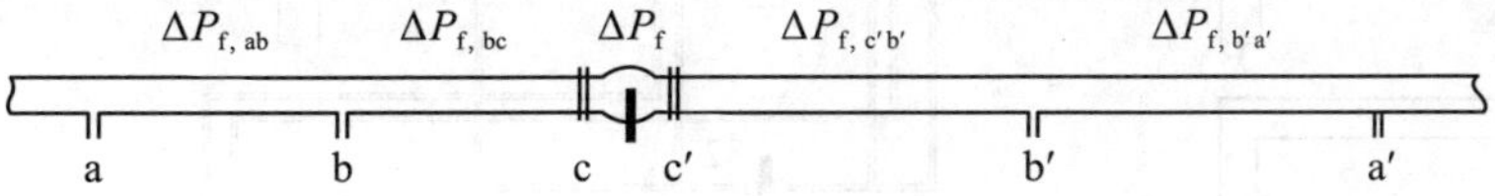

$\Delta P_{f,ab}$　$\Delta P_{f,bc}$　ΔP_f　$\Delta P_{f,c'b'}$　$\Delta P_{f,b'a'}$

a　b　c　c′　b′　a′

图 7－1－1　局部阻力测量取压口布置

局部阻力引起的压强降 $\Delta p_f'$ 可用下面的方法测量：在一条各处直径相等的直管段上，安装待测局部阻力的阀门，在其上、下游开两对测压口 $a \sim a'$ 和 $b \sim b'$，如图 7－1－1 所示，使

$$ab = bc; \qquad a'b' = b'c'$$

则：

$$\Delta p_{f,ab} = \Delta p_{f,bc}; \qquad \Delta p_{f,a'b'} = \Delta p_{f,b'c'}$$

在 $a \sim a'$ 之间列柏努利方程式：

$$p_a - p_{a'} = 2\Delta p_{f,ab} + 2\Delta p_{f,a'b'} + \Delta p_f \qquad (7-1-7)$$

在 $b \sim b'$ 之间列柏努利方程式：

$$\begin{aligned} p_b - p_{b'} &= \Delta p_{f,bc} + \Delta p_{f,b'c'} + \Delta p_f \\ &= \Delta p_{f,ab} + \Delta p_{f,a'b'} + \Delta p_f \end{aligned} \qquad (7-1-8)$$

联立式（7－1－7）和式（7－1－8），则：

$$\Delta p_f' = 2(p_b - p_{b'}) - (p_a - p_{a'}) \qquad (7-1-9)$$

为了实验方便，称（$p_b - p_{b'}$）为近点压差，（$p_a - p_{a'}$）为远点压差。用差压传感器或倒 U 形管压差计来测量。

7.1.4 实验装置与流程

（1）流程图。

实验装置流程如图 7－1－2 所示，仪表面板布置如图 7－1－3 所示。

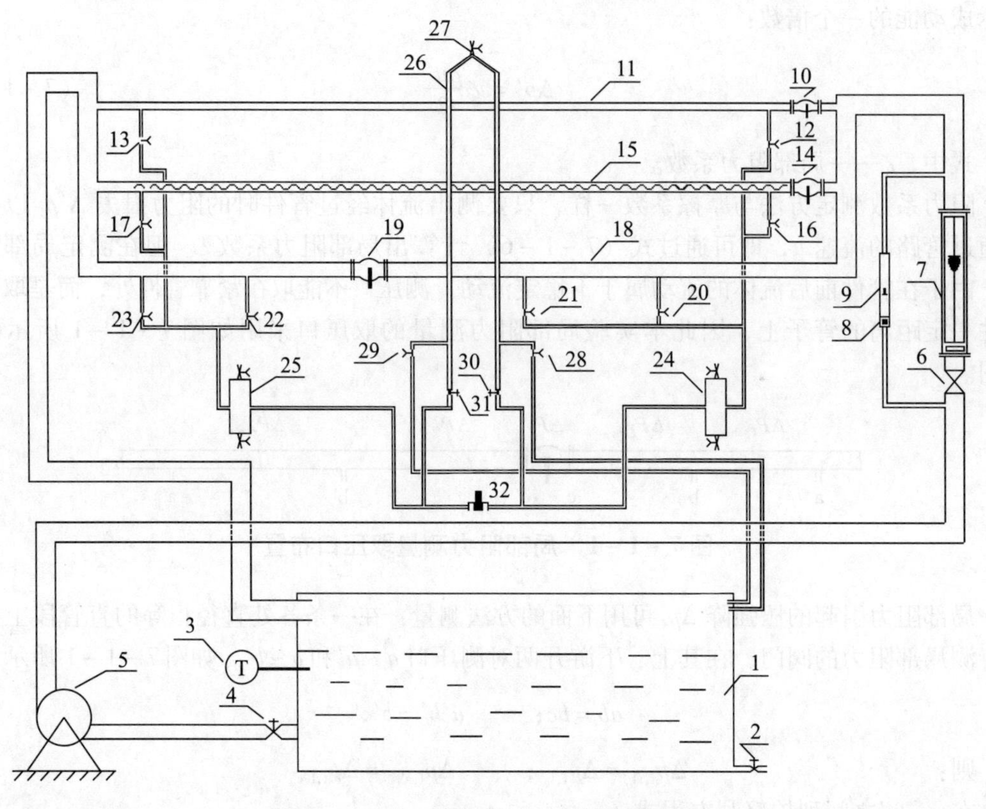

图 7－1－2 流体阻力实验装置流程

1－水箱；2－水箱放水阀；3－温度计；4－离心泵入口阀；5－离心泵；6、8－流量调节阀；7、9－转子流量计；10－光滑管阀；11－光滑管；12、13－光滑管测压阀；14－粗糙管阀；15－粗糙管；16、17－粗糙管测压阀；18－局部阻力测量管；19－测局部阻力阀；20、23－测局部阻力压力远端阀；21、22－测局部阻力压力近端阀；24、25－缓冲罐；26－倒 U 形管；27－倒 U 形管放空阀；28、29－倒 U 形管排水阀；30、31－倒 U 形管进水阀；32－压力传感器。

（2）设备主要技术数据。

① 被测直管段：

光滑管管径 d—0.0080m，管长 L—1.70m，材料：不锈钢

粗糙管管径 d—0.010m，管长 L—1.70m，材料：不锈钢

球阀内径 d—0.015m

② 玻璃转子流量计：

型　号	测量范围	精度
LZB－25	100～1000（L/h）	1.5
LZB－10	10～100（L/h）	2.5

③ 压差传感器：

型号：LXWY　　测量范围：200 kPa

④ 数显表：

型号：501BX　　测量范围：0～200kPa

⑤ 离心泵：

型号：WB70/055　　流量：1.2～7.2（m^3/h）　　扬程：21～13m

电机功率：550W　　电流：1.35A　　电压：380V

⑥变频器：型号：N2－401－H3 规格：（0－50）Hz

7.1.5 实验操作步骤及要点

（1）检查水箱的水位是否符合要求。

（2）将阀门4、10、12、13、14、16、17、19、20、21、22、23、30、31打开，其余阀门关闭。打开总电源开关，按变频调速器上的（RUN/STOP）键启动离心泵，将阀门6、8缓慢打开，在大流量状态下把实验管路中的气泡赶出。

（3）将流量调为零，关闭阀门30、31，打开阀门27，分别缓慢打开阀门28、29，将倒U形管内两液面调到管中心位置。再关闭阀门27、28、29，打开阀门30、31，若此时倒U形压差计两端的液面相平，则可以开始实验，若不平则需要排气。

排气方法：将流量调至较大，片刻后，重复步骤（3），直至倒U形压差计两端的液面相平。

（4）待管路中气泡排净后开始实验，将被测管路的阀门全部打开，不测管路的阀门关闭。阀门30、31也关闭。

（5）在流量稳定的情况下，测取直管阻力压差。数据顺序从大流量至小流量，测15～20组数据。大流量时的阻力压差值从仪器面板上读取。当流量读数小于200L/h时，打开阀门30、31，用倒U形压差计测取压差。

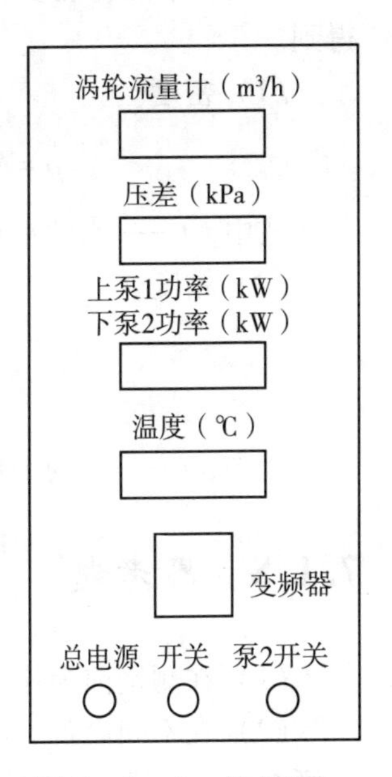

图7－1－3　仪器面板布置

（6）测完一套管路的数据后，关闭流量调节阀，再次检查倒U形压差计的液面是否相平，若不平应重新排气。然后重复以上步骤，测取其他管路的数据。

测量局部阻力系数时，需测（$p_b - p_{b'}$）近点压差和（$p_a - p_{a'}$）远点压差。局部阻力只在较大流量下测3组数据。

（7）待数据测量完毕，关闭流量调节阀，切断电源。

7.1.6 注意事项

（1）启动离心泵之前，以及从光滑管阻力测量过渡到其他测量之前，都必须检查所有流量调节阀是否关闭。

（2）系统要先排净气体，以使流体能够连续流动。

（3）利用压力传感器测大流量下 ΔP 时，应切断空气—水倒U形管的阀门30、31，防止形成并联管路而影响测量数值。

（4）在实验过程中每调节一个流量之后应待流量和直管压差的数据稳定以后方可记录数据。

7.1.7 水的物性参数

本实验水的物性参数包括密度 ρ 和粘度 μ，可以通过手册差得，也可以用以下公式计算得到。

（1）密度。

$$\rho = -0.003589285t^2 - 0.0872501t + 1001.44\,[\mathrm{kg/m^3}] \tag{7-1-10}$$

式中，t——水的平均温度，℃。

（2）粘度。

$$\mu = 0.000001198\mathrm{Exp}\left(\frac{1972.53}{273.15+t}\right)\,[\mathrm{Pa \cdot s}] \tag{7-1-11}$$

式中，t——水的平均温度，℃。

7.1.8 思考题

（1）在测量前为什么要将设备中的空气排尽？怎样才能迅速排尽？

（2）在不同设备上（包括相对粗糙度相同而管径不同）、不同温度下测定的数据是否能关联在一条曲线上？为什么？

（3）流体在直管内稳定流动时，产生直管阻力损失的原因是什么？阻力损失是如何测出的？

（4）流体流动时，产生局部阻力损失的原因是什么？局部阻力损失是如何测出的？局部阻力系数又是如何确定的？

（5）U形管压差计的测压原理是什么？用它能直接测定绝对压力吗？

（6）通过对管路中各种阻力的测定，你认为减少流体在管路中的流动阻力有哪些措施？

（7）欲测一个90°弯头的局部阻力系数 ζ，以水为实验液体，试设计一个实验方案，要求：

① 画出实验流程图；

② 指明须测的数据及所用的仪器、仪表；

③ 说明计算方法。

(8) 如何选择正U形管压差计中的指示剂？采用正U形管压差计测某阀门前后的压力差，问压差计的读数与U形管压差计安装的位置有关吗？

(9) 简述实验用使用的孔板流量计和转子流量计的结构、工作原理、特点、安装注意事项及使用方法。

7.1.9 实验报告的撰写

实验报告可按实验报告格式或小论文格式撰写。

(1) 实验报告格式。

根据绪论中实验报告格式要求进行撰写，并按要求回答以上思考题。

(2) 小论文格式。

根据绪论中小论文格式要求进行撰写，小论文题目可从以下几类中选择或自拟题目。

实验任务书（1）
直管摩擦阻力损失随 *Re* 变化规律的研究

任务要求：

(1) 测定水在圆形直管（包括光滑管与粗糙管）中层流流动、湍流流动时的阻力损失。

(2) 根据实验结果，探讨直管摩擦阻力损失随 *Re* 变化的规律。

(3) 将实验结果与莫狄（Moody）摩擦因数图比较，通过误差分析，探讨其合理性。

(4) 分析直管摩擦阻力损失产生的原因，提出工程上减少阻力损失的意义与方法。

(5) 测定流体流过球阀的局部阻力损失，了解局部阻力产生的原因，掌握局部阻力损失的测定和计算方法。

实验任务书（2）
局部阻力损失机理及减少局部阻力损失若干问题的探讨

任务要求：

(1) 测定球阀局部阻力损失。

(2) 分析局部阻力产生的原因。比较实验结果，探讨工程上减少局部阻力损失的意义与方法。

(3) 将本实验的计算方法和结果与有关手册查得的管件与阀门的阻力系数、当量长度数据等进行比较，分析误差的原因。

(4) 测定光滑管或粗糙管的摩擦阻力损失，了解直管阻力产生的原因，掌握直管阻力损失的测定和计算方法。

实验任务书（3）

间接法确定管壁粗糙度的研究

任务要求：

（1）测定水在圆形直管（包括光滑管与粗糙管）中层流流动、湍流流动时的阻力损失。

（2）分析直管摩擦阻力损失产生的原因及直管摩擦阻力损失随 *Re* 变化的规律。

（3）探讨测定管壁粗糙度的意义，提出间接测定管壁粗糙度的依据与方法。

（4）将间接测定的管壁粗糙度与实际管壁粗糙度比较，说明该方法的可行性。

（5）测定球阀局部阻力损失，了解局部阻力产生的原因，掌握局部阻力损失的测定和计算方法。

7.2 实验二 离心泵实验

工业生产中经常要用流体输送机械驱动流体通过各种设备或管路，流体输送机械就是向流体做功以提高其机械能的装置。离心泵是应用最广泛的液体输送机械，其主要性能包括流量、扬程、轴功率、有效功率、效率、转速等。每台泵都有自己的特性曲线，而泵使用时，又总是安装于某一特定的管路中，每个管路也都有管路特性曲线。离心泵的工作原理、主要性能参数、特性曲线的测定及应用，离心泵工作点的确定，流量调节方法等，是每个学习化工原理的学生必须掌握的内容。

7.2.1 实验目的

（1）熟悉离心泵的构造和操作方法。

（2）学会离心泵特性曲线和管路特性曲线的测定方法。

（3）掌握单泵、串联泵、并联泵的实验操作原理和实验组织方法。

（4）将理论知识与工程实际紧密联系在一起，培养工程观念和经济观念。

7.2.2 实验内容

（1）单台离心泵的特性曲线。

（2）不同阻力管路的管路特性曲线。

（3）两台同型号离心泵串联和并联的扬程曲线。

7.2.3 基本原理

离心泵是借助泵的叶轮高速旋转，使充满在泵体内的液体在离心力的作用下，从叶轮中心甩向叶轮边缘的过程中获得能量，提高静压能和动能，液体离开叶轮进入泵壳（蜗壳），蜗壳的特殊结构使部分动能转化成静压能，最后以高压液体排出。离心泵的理论压头是在理想情况下从理论上对离心泵中液体质点的运动情况进行分析研究后，得出的离心泵压头与流量的关系。由于离心泵的性能受到泵的内部结构、叶轮形式和转速等的影响，在实际工作中，流体在泵内流动过程中会产生各种各样的阻力损失，实际压头要小于理论压头，且泵内部液体流动的情况比较复杂，因此，离心泵的实际压头尚不能从理论上作出精确计算，只能通过实验测定。

7.2.3.1 离心泵特性曲线

在一定转速下，离心泵的扬程、功率、效率与其流量之间的关系，称为离心泵的特性曲线。

（1）流量 Q。离心泵的流量采用涡轮流量计测定。

（2）扬程（压头）H。泵的扬程可由泵进、出口间的能量衡算求得。在泵的吸入口和压出口之间列柏努利方程得：

$$z_{入} + \frac{p_{入}}{\rho g} + \frac{u_{入}^2}{2g} + H = z_{出} + \frac{p_{出}}{\rho g} + \frac{u_{出}^2}{2g} + h_{f,入-出} \quad (7-2-1)$$

$$H = (z_{出} - z_{入}) + \frac{p_{出} - p_{入}}{\rho g} + \frac{u_{出}^2 - u_{入}^2}{2g} + h_{f,入-出} \quad (7-2-2)$$

式中，$h_{f,入-出}$是泵的吸入口和压出口之间管路内的流体流动阻力，与柏努力方程中其他项比较，$h_{f,入-出}$值很小，故可忽略。于是式（7-2-2）变为：

$$\begin{aligned} H &= (z_{出} - z_{入}) + \frac{p_{出} - p_{入}}{\rho g} + \frac{u_{出}^2 - u_{入}^2}{2g} \\ &= h_0 + \frac{p_{出} - p_{入}}{\rho g} + \frac{u_{出}^2 - u_{入}^2}{2g} \end{aligned} \quad (7-2-3)$$

$(z_{出} - z_{入})$ 为压强表与真空表测压口之间的垂直距离，$h_0 = (z_{出} - z_{入}) = 0.45\text{m}$。将测得的 $(p_{出} - p_{入})$ 的值以及计算所得的 $u_{入}$，$u_{出}$ 代入式（7-2-3）即可求得泵的扬程。

（3）功率。功率表测得的功率为电动机的输入功率 $N_{电机}$，离心泵的轴功率 $N_{轴}$ 为：

$$N_{轴} = N_{电机} \cdot \eta_{电机} \cdot \eta_{传动} \quad (7-2-4)$$

式中，$N_{轴}$——离心泵的轴功率，kW；

$N_{电机}$——电机的输入功率，kW；

$\eta_{电机}$——电机效率，取0.6；

$\eta_{传动}$——联轴节传动装置的效率，取1.0。

则离心泵的有效功率 N_e 为：

$$N_e = \frac{QH\rho g}{1000} = \frac{QH\rho}{102} \quad (7-2-5)$$

式中，N_e——离心泵的有效功率，kW；

Q——离心泵的流量，m^3/s；

ρ——流体的密度，kg/m^3。

（4）泵的效率。离心泵的效率 η 可通过离心泵的轴功率与有效功率求得，即：

$$\eta = \frac{N_e}{N_{轴}} \tag{7-2-6}$$

7.2.3.2 管路特性曲线

离心泵的特性曲线只是泵本身的特性，与管路状况无关。而离心泵使用时总是安装于某一特定的管路中，它提供了液体在管路中流动所需的机械能量，因此离心泵的实际工作情况是由泵的特性和管路本身的特性共同决定的。管路特性曲线方程为：

$$H = A + BQ^2 \tag{7-2-7}$$

式中，$A = \Delta z + \dfrac{\Delta p}{\rho g}$

A——管路两端的总势能差，m；

Δz——管路两端的垂直距离，m；

Δp——管路两端压差，Pa；

B——管路特性曲线系数，h^2/m^5；

Q——管路流量，m^3/h。

其中，扬程 H 的计算与流量 Q 的测定与3.1离心泵特性曲线相同。

A 由管路两端实际条件决定。B 由管路状况决定，当液体处于高度湍动时，B 为常数。

若把离心泵的特性曲线与管路特性曲线标绘于同一坐标中，则两曲线的交点即为离心泵在管路中的工作点。

7.2.4 实验装置与流程

1. 流程图。

离心泵实验装置流程如图7-2-1所示。水箱内的清水，自泵的吸入口进入离心泵，在泵壳内获得能量后，由出口排出，流经涡轮流量计和流量调节阀后，返回水箱循环使用。在实验过程中，需测定液体的流量、离心泵进口和出口处的压力及电机的功率。为了便于查取物性数据，还需测量水的温度。

2. 设备主要技术数据。

（1）涡轮流量计：型号：LWGY（单位：m^3/h）

（2）离心泵：

型号：WB70/055	流量：1.2~7.2（m^3/h）	扬程：21~13m
电机功率：550W	电流：1.35A	电压：380V

（3）功率表：型号PS-139 精度1.0级

（4）真空表测压位置管内径 $d_1 = 0.025$m

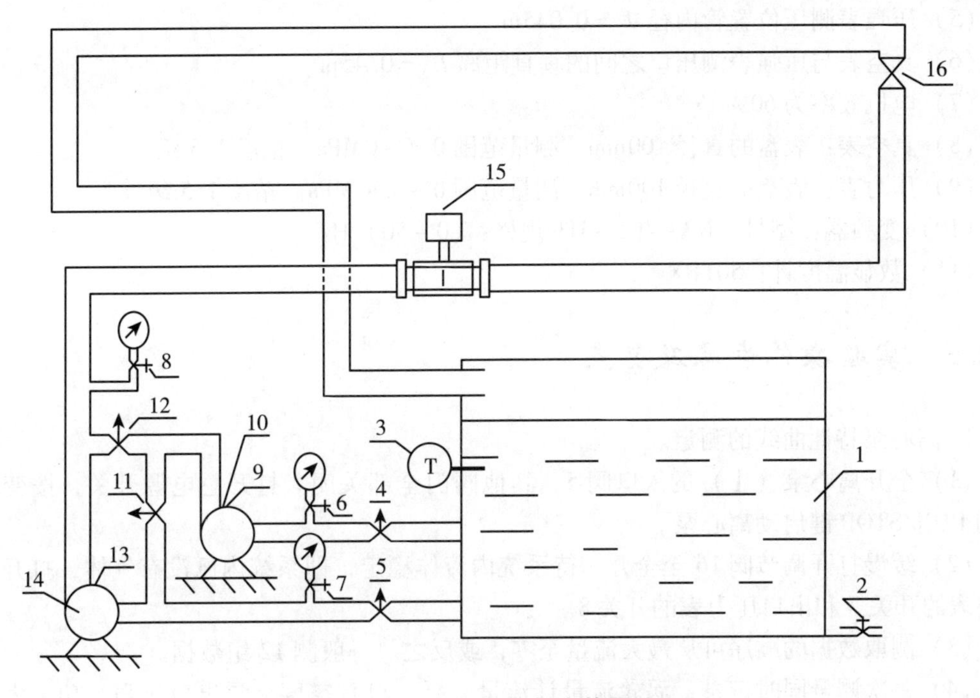

图 7－2－1　离心泵实验装置流程

1－水箱；2－水箱放水阀；3－温度计；4－离心泵（Ⅱ）入口阀；5－离心泵（Ⅰ）入口阀；6－离心泵（Ⅱ）入口真空表及开关；7－离心泵（Ⅰ）入口真空表及开关；8－离心泵出口压力表及开关；9－离心泵（Ⅱ）；10、13－功率表；11、12－串并联调节阀；14－离心泵（Ⅰ）；15－涡轮流量计；16－流量调节阀。

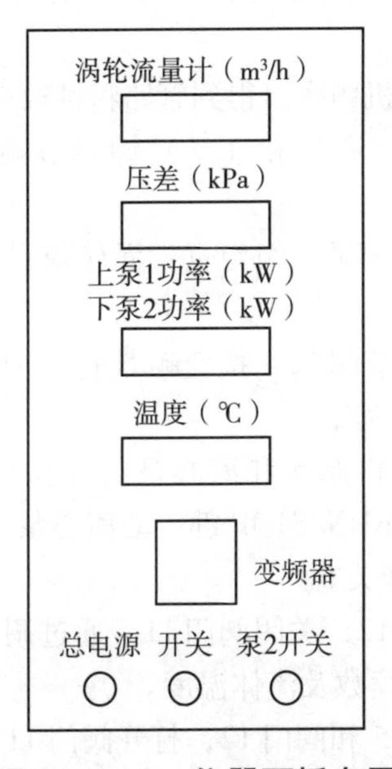

图 7－2－2　仪器面板布置

（5）压强表测压位置管内径 $d_2=0.045$m
（6）真空表与压强表测压口之间的垂直距离 $H_0=0.45$m
（7）电机效率为60%
（8）真空表：表盘的真径100mm　测量范围0.1－0MPa　精度1.5级
（9）压力表：表盘的直径100mm　测量范围0－0.4 MPa　精度1.5级
（10）变频器：型号：N2－401－H3 规格：（0－50）Hz
（11）数显温度计：501BX

7.2.5 实验操作步骤及要点

1. 离心泵特性曲线的测定。

（1）全开离心泵（Ⅰ）的入口阀5，其他阀门全部关闭。打开总电源开关，按变频器上的RUN/STOP键启动离心泵。

（2）缓慢打开调节阀16至全开。待系统内流体稳定，即系统内已没有气体，打开入口真空表的开关7和出口压力表的开关8。

（3）测取数据的顺序可从最大流量至零，或反之。一般测12组数据。

（4）每次测量同时记录：涡轮流量计流量、泵入口真空度，泵出口压强、功率表读数及流体温度。

（5）测试结束，关闭出口调节阀16，按变频器上的RUN/STOP键停泵。

2. 管路特性曲线的测定。

（1）全开离心泵（Ⅰ）的入口阀5，其他阀门全部关闭。打开总电源开关，按变频器上的RUN/STOP键启动离心泵。将流量调节阀16调至某一状态（使系统的流量为一固定值）。

（2）用变频器调节离心泵电机频率以得到管路特性改变状态。调节范围（50－25Hz）。

注：利用变频器上（＜）、（∧）和（∨）键调节频率，调节完后点击（READ/ENTER）键确认即可。

（3）每改变电机频率一次，记录一组数据：涡轮流量计的流量，泵入口真空度，泵出口压强。共记录6组数据。

（4）测试结束，关闭出口调节阀12，按变频器上的RUN/STOP键停泵。

3. 离心泵串（并）联性能的测定。

（1）全开离心泵（Ⅰ）的入口阀5和离心泵（Ⅱ）的入口阀4，其他阀门全部关闭。打开总电源开关，按变频器上的RUN/STOP键启动离心泵（Ⅰ），按离心泵2的开关启动离心泵（Ⅱ），打开入口真空表的开关6。

（2）并联实验时，打开阀门12，关闭阀门11，通过调节阀门16改变流量，记录泵入口真空度，泵出口压强、两功率表读数及流体温度。

（3）串联实验时，关闭阀门5和阀门12，打开阀门11，通过调节阀门16改变流量，记录泵入口真空度，泵出口压强、两功率表读数及流体温度。

（4）测试结束，关闭出口调节阀16，按变频器上的RUN/STOP键停泵。切断电源。

7.2.6 注意事项

（1）离心泵应当在流量调节阀关闭的情况下启动和关闭。

（2）系统要先排净气体，以使流体能够连续流动。

（3）启动离心泵前，须关闭压力表和真空表的开关，以免损坏压强表。

（4）为了避免传感器进水而损坏，应缓慢打开流量调节阀。

7.2.7 思考题

（1）选择离心泵的原则是什么？

（2）离心泵的 $H-Q$ 特性曲线与管路的特性曲线有何不同？

（3）为什么本实验所测出的管路特性曲线是一条无明显截距且近似通过原点的曲线？

（4）从你所测定的特性曲线中分析，如果要增加该泵的流量范围，可采取哪些措施？

（5）根据所绘出的双泵并联、串联操作的 $H-Q$ 特性曲线与管路的特性曲线，试解释什么情况下可采用双泵并联操作或双泵串联操作。

（6）若将本次实验装置的离心泵改装在水箱液面之上，请设计出测定离心泵特性曲线的实验方案，要求：

① 画出实验装置流程图；

② 写出实验操作步骤；

③ 设计出原始数据记录表。

（7）结合实验测定结果说明：①为什么离心泵在启动时，应关闭出口阀门；②离心泵适宜的工作区域如何确定？为什么？

（8）实验过程中有哪些流量调节方式？说明它们的特点与区别。

7.2.8 实验报告的撰写

实验报告可按实验报告格式或小论文格式撰写。

（1）实验报告格式。根据绪论中实验报告格式要求进行撰写，并按要求回答以上思考题。

（2）小论文格式。根据绪论中小论文格式要求进行撰写，小论文题目可从以下几类中选择或自拟题目。

实验任务书（1）
离心泵流量调节方式与能耗分析

化工过程中常由于生产任务、工艺条件等发生变化，需要用泵进行流量调节。离心泵的流量调节主要有：出口阀门调节，电机变速调节，改变叶轮直径，以及串、并联调节等。各种调节方式，除了有它们各自的优缺点外，其能量的损耗也不一样。本实验拟通过如下实验任务，寻求最佳、最节能的流量调节方式。

任务要求：

(1) 测定单台离心泵的特性曲线和不同管路阻力下的管路特性曲线。

(2) 测定两台同型号离心泵在相同转速下的串联和并联的扬程曲线。

(3) 分析出口阀门调节，变速调节，以及串、并联调节适用的场合和优缺点。

(4) 根据实验结果，通过作图和计算，对能耗进行分析，得出结论。

实验任务书 (2)
离心泵工作点的确定与调节

当离心泵的实际工作点不在高效区时或流量不能满足要求时，常需要调整离心泵的工作点。在生产实际中调整工作点通常采用以下两种方式：一是改变管路特性曲线，如调节出口阀开度等；二是改变离心泵本身的特性曲线，如改变泵的转速、将泵并联或串联等。拟通过实验，完成以下任务。

任务要求：

(1) 测定单台离心泵的特性曲线和不同管路阻力下的管路特性曲线。

(2) 测定两台同型号离心泵在相同转速下的串联和并联的扬程曲线。

(3) 通过实验，分析比较出口阀门调节，变速调节，以及串、并联调节工作点的特点。

(4) 以本实验装置为例，若管路一定，离心泵的实际工作点不在高效区时，你认为采取哪种方式调节较为合理？为什么？

实验任务书 (3)
离心泵串、并联组合操作特性研究

当在实际生产中用一台离心泵不能满足流量要求时，常采用两台或两台以上的泵组合操作。拟通过本实验进行离心泵串、并联组合操作特性的研究。

任务要求：

(1) 通过实验对 WB70/055 泵的特性进行分析。

(2) 通过 WB70/055 泵的组合操作实验，对其串、并联操作特性曲线进行分析研究（包括特性曲线的特点、与单泵特性曲线的联系、对管路流量的影响等）。

(3) 现需将20℃的清水从贮水池送至水塔，已知塔内水面高于贮水池水面5m。水塔及贮水池水面恒定不变，均与大气相通。输送管为 $\phi32\text{mm} \times 2\text{mm}$ 的钢管，总长为10m或40m（均包括局部阻力在内）。试分析（应写出详细的计算过程、分析步骤、列出相关的图表）：

① 若采用 WB70/055 泵进行输送，则流量为多少？该泵在运行时消耗的功率、效率为多少？从经济角度来看是否合理？

② 若要提高流量，采用哪种操作方式（单泵、串联、并联）更为合理？为什么？

③ 通过实验研究和本实例的分析可以得到什么结论？

7.3 实验三 过滤实验

过滤是利用多孔介质（称为过滤介质），使液体通过而截留固体颗粒，从而使悬浮液中的固、液得到分离的过程。驱动液体通过过滤介质的推动力有重力、压力和离心力，本实验是利用压力驱动，实验设备由福州大学化工原理实验室与天津大学化工基础实验中心共同研制的板框过滤机。该装置可进行设计型、研究型、综合型实验。由于设备接近工业生产状况，通过本实验可培养学生的工程观念、实验研究能力、设计能力及解决生产实际问题的能力。

7.3.1 实验目的

（1）熟悉板框过滤机的结构，熟练掌握板框过滤机的操作方法。
（2）掌握恒压过滤操作时过滤常数、压缩性指数等过滤参数的测定方法。
（3）掌握过滤问题的工程简化处理方法和实验研究方法。

7.3.2 实验基本原理

过滤是利用多孔介质，使固体颗粒被过滤介质截留形成滤饼（滤渣），而液体通过滤饼层和过滤介质，实现悬浮液固、液分离的单元操作。无论是生产还是设计，过滤机的操作与设计计算都要有过滤常数作依据。由于滤饼厚度随着过滤时间而增加，所以在恒压过滤条件下，过滤速率随过滤时间逐渐降低。不同物料形成的悬浮液，其过滤常数差别很大，即使是同一种物料，浓度不同、滤浆温度不同、过滤推动力不同，其过滤常数也不尽相同，故要有可靠的实验数据作参考。

恒压过滤方程为：

$$q^2 + 2qq_e = K\theta \qquad (7-3-1)$$

式中，q——单位过滤面积获得的滤液体积，m^3/m^2；

q_e——单位过滤面积的虚拟滤液体积，m^3/m^2；

K——过滤常数，m^2/s；

θ——实际过滤时间，s。

过滤常数的实验测定方法主要有微分法与积分法两种，其原理分别叙述如下。

1. 微分法测定过滤常数。

将式（7-3-1）微分得：

$$\frac{d\theta}{dq} = \frac{2}{K}q + \frac{2}{K}q_e \qquad (7-3-2)$$

当各数据点的时间间隔不大时，$\frac{d\theta}{dq}$可以用增量之比$\frac{\Delta\theta}{\Delta q}$来代替，即：

$$\frac{\Delta\theta}{\Delta q}=\frac{2}{K}\bar{q}+\frac{2}{K}q_e \tag{7-3-3}$$

式（7-3-3）为一直线方程。在过滤推动力、过滤温度恒定的条件下，应用一定的过滤介质对一定浓度的悬浮液进行恒压过滤，测出过滤时间 θ 及滤液累计量 q 的数据，在直角坐标纸上标绘$\frac{\Delta\theta}{\Delta q}$对 $\bar{q}$ 的关系（$\bar{q}$ 为 $\Delta\theta$ 时间内 q 的平均值），所得直线斜率为$\frac{2}{K}$，截距为$\frac{2}{K}q_e$，由此直线的斜率和截距即可求得过滤常数 K，q_e。

2. 积分法测定过滤常数。

将式（7-3-1）积分得：

$$\frac{\theta}{q}=\frac{1}{K}q+\frac{2}{K}q_e \tag{7-3-4}$$

同样，式（7-3-4）亦为直线方程；过滤实验时，在恒压条件下过滤待测定的悬浮液，测出过滤时间 θ 及滤液累计量 q 的数据，在直角坐标纸上标绘$\frac{\theta}{q}$对 q 的关系，所得直线斜率为$\frac{1}{K}$，截距为$\frac{2}{K}q_e$，由此直线的斜率和截距可求得过滤常数 K，q_e。

3. 压缩性指数的测定。

过滤常数的定义式为：

$$K=\frac{2\Delta p}{\mu rc}=\frac{2\Delta p^{1-s}}{\mu r_0 c}=2k\Delta p^{1-s} \tag{7-3-5}$$

式（7-3-5）中滤饼比阻 r 与过滤推动力 Δp 的经验公式为：

$$r=r_0\Delta p^s \tag{7-3-6}$$

以上两式中，Δp——过滤推动力，Pa；

s——压缩性指数；

r_0——Δp 为 1Pa 时的滤饼比阻，$1/m^2$；

r——滤饼比阻，$1/m^2$；

c——过滤得到单位体积滤液时所形成的滤饼体积，m^3/m^3；

μ——滤液的粘度，Pa·s。

联立式（7-3-5）和式（7-3-6）可得：

$$r=\frac{2\Delta p}{K\mu c} \tag{7-3-7}$$

根据不同过滤推动力 Δp 下测得过滤常数 K 的实验数据，由式（7-3-7）可求得滤饼比阻 r。而后将不同过滤推动力条件下，r 与 Δp 的数据绘制在双对数坐标上，由式（7-3-6）可知 r 与 Δp 的数据应为一条直线。通过该直线的斜率和截距即可求出压缩性指数 s 和 r_0。

7.3.3 实验装置与流程

恒压过滤实验装置流程如图 7－3－1 所示，该设备由过滤板、过滤框、旋涡泵等组成，是一种小型的工业用板框过滤机。板框过滤机是由非洗板、滤框、洗板按照一定的顺序组装而成的，图 7－3－2 为实验用板框的结构示意图。

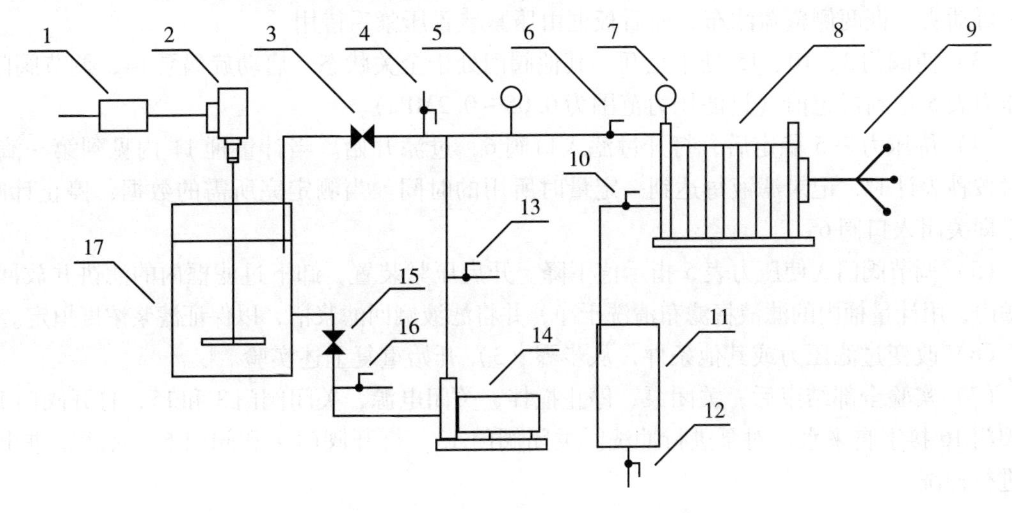

图 7－3－1 恒压过滤实验流程

1－调速器；2－电动搅拌器；3、15－截止阀；4、6、10、12、13、16－球阀；5、7－压力表；8－板框过滤机；9－压紧装置；11－计量桶；14－旋涡泵；17－滤浆槽。

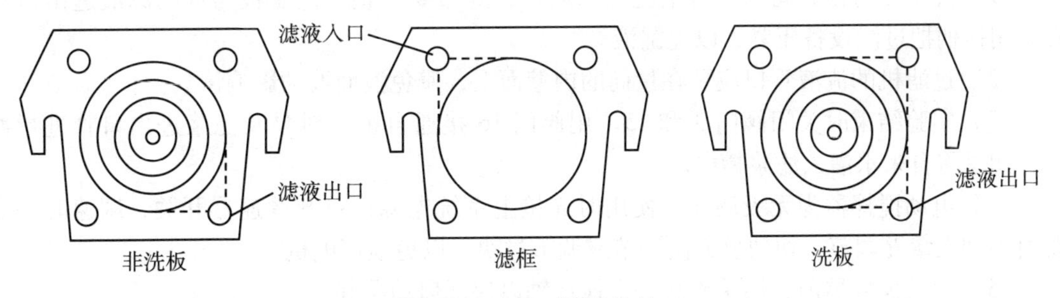

图 7－3－2 板框结构

7.3.4 主要设备、仪器

（1）旋涡泵，型号 Y80－2。

（2）搅拌器，型号 KDZ－1、功率 160W、转速 3200 r/min。

（3）过滤板框，不锈钢材质，过滤面积为 0.0257m^2。

（4）过滤介质，工业滤布。

（5）计量桶，2000ml 量筒 2 个。

7.3.5 实验操作步骤及要点

（1）在滤浆槽内配制一定浓度的悬浮液，系统接上电源，打开搅拌器电源开关，启动电动搅拌器2，将滤浆槽17内浆液搅拌均匀。

（2）板框过滤机板、框排列顺序为：固定头—非洗涤板—框—洗涤板—框—非洗涤板—可动头，框两侧覆盖滤布，而后板框由压紧装置压紧后待用。

（3）使阀门3、10、15处于全开，其他阀门处于全关状态。启动旋涡泵14，调节阀门3使压力表5达到规定值（过滤压力范围为0.05～0.2MPa）。

（4）待压力表5稳定后，打开过滤入口阀6，过滤开始。当计量桶11内见到第一滴液体时按秒表计时，记录滤液每达到一定量时所用的时间。当测定完所需的数据，停止计时，并立即关闭入口阀6。

（5）调节阀门3使压力表5指示值下降。开启压紧装置，卸下过滤框内的滤饼并放回滤浆槽内；用计量桶内的滤液将滤布清洗干净，并将滤液倒回滤浆槽，以保证滤浆浓度恒定。

（6）改变过滤压力或其他条件，从步骤（3）开始重复上述实验。

（7）实验全部结束后，关闭泵、停止搅拌，关闭电源，关闭阀门3和15，打开阀门13，将阀门16接上自来水，对泵进行冲洗。关闭阀门13，打开阀门4和阀门6，对滤浆进出口管进行冲洗。

7.3.6 操作注意事项

（1）过滤板与框之间的密封垫应注意放正，滤布要平整，过滤板与框的滤液进出口对齐。用摇柄把过滤设备压紧，以免漏液。

（2）过滤机的流液管口应贴在量筒的内壁面上，避免液面波动影响读数。

（3）实验结束时关闭阀门3和15。用阀门16接通自来水对泵及滤浆进出口管进行冲洗，切忌将自来水灌入滤浆槽中。

（4）电动搅拌器为无级调速。使用时先接上系统电源，打开调速器开关，调速时一定要由小到大缓慢调节，切勿反方向调节或调节过快，以免损坏电机。

（5）启动搅拌器前，用手旋转一下搅拌轴以保证启动顺利。

7.3.7 思考题

（1）什么是滤浆、滤饼、滤液、过滤介质、助滤剂？

（2）简述恒压过滤的特点。

（3）过滤常数与哪些因素有关？

（4）恒压过滤开始时，为什么滤液是混浊的？

（5）恒压过滤中，不同过滤压力得到的滤饼结构是否相同？其空隙率随压力如何变化？

（6）不同过滤推动力条件下，恒压过滤至满框时，得到的滤液量是否相同？为什么？

(7) 过滤过程中，悬浮液储槽为什么要用搅拌器对悬浮液进行搅拌？悬浮液储槽内测的挡板有何作用？

(8) 对过滤实验最后一点数据与其他数据相比是偏低还是偏高？为什么？如何对待第一点数据？

(9) 加快过滤速率的途径有哪些？

(10) 对恒压过滤，通过延长过滤时间来提高板框过滤机的生产能力是否可行？为什么？

(11) 简述影响间歇过滤机生产能力的主要因素及提高间歇过滤机生产能力的途径。

7.3.8 实验报告的撰写

实验报告可按实验报告格式或小论文格式撰写。

(1) 实验报告格式。根据绪论中实验报告格式要求进行撰写，并按要求回答以上思考题。

(2) 小论文格式。根据绪论中小论文格式要求进行撰写，小论文题目可从以下几类中选择或自拟题目。

实验任务书（1）
工业板框过滤机的选型

工业用过滤机选型的依据是物料的性能、分离任务和要求。为使过滤机的选型最为恰当，通常用同一悬浮液在小型过滤实验设备中进行实验，以取得必要的过滤数据作为主要依据，然后从技术和经济两方面进行综合分析，确定过滤机的种类和型号。

现有某一工厂需过滤含 $CaCO_3$5.0% ~5.5 % 的水悬浮液，过滤温度为25℃，固体 $CaCO_3$的密度为2930kg/m^3。工业过滤机在0.28MPa的压强差下进行过滤，规定每一操作循环处理滤液12m^3，过滤时间为30min。滤饼不洗涤，过滤至框内全部充满滤渣时为止。卸饼、清洗、重装等辅助时间为20min。

请你利用实验室的小型板框压滤机（详见设备流程部分，该过滤机的最高过滤推动力——表压力为0.2MPa）进行实验，测定有关的过滤参数，根据表7-3-1所提供的过滤机型号与规格，从中选择一种合适型号的压滤机，并确定滤框的数目，求出该过滤机的生产能力，为工厂提供选型的技术依据。

表7-3-1　过滤机的型号与规格

型　号	过滤面积/m^2	框内尺寸/mm	框　数	框内总容积/l	工作压强/MPa
BAS20/635-25	20	635×635×25	26	260	0.785
BAS30/635-25	30	635×635×25	38	380	0.785
BAS40/635-25	40	635×635×25	50	500	0.785
BAY20/635-25	20	635×635×25	26	—	—

续表

型　　号	过滤面积/m^2	框内尺寸/mm	框　　数	框内总容积/l	工作压强/MPa
BAY30/635－25	30	635×635×25	38	—	—
BAY40/635－25	40	635×635×25	50	—	—
BMS20/635－25	20	635×635×25	26	260	0.785
BMS30/635－25	30	635×635×25	38	380	0.785
BMS40/635－25	40	635×635×25	50	500	0.785

表7－3－1中板框压滤机型号如BMS20/635－25的意义为：B表示板框压滤机，M表示明流式（若为A，则表示暗流式），S表示手动压紧（若为Y，则表示液压压紧），20表示过滤面积为$20m^2$，635表示滤框边长为635mm的正方形，25表示滤框的厚度为25mm。

完成上述选型任务时可认为滤布阻力不随过滤压强差而变化，每获得$1m^3$滤液所生成的滤饼体积也无显著变化。

实验任务书（2）

工业转筒真空过滤机的设计研究

设计工业用过滤机必须先测定有关的过滤参数，这项工作一般是用同一悬浮液在小型过滤实验设备中进行。

现有某一工厂需过滤含$CaCO_3$5.0%～5.5%的水悬浮液，过滤温度为25℃，固体$CaCO_3$的密度为$2930kg/m^3$。要求工业回转真空过滤机的操作真空度为0.08MPa，以滤液计的生产能力为$0.001m^3/s$。

请你利用实验室的小型板框压滤机进行实验，测定有关的过滤参数，确定回转真空过滤机的转速n，转筒的浸没度φ，转筒直径D和长度L。

完成上述设计任务时可认为滤布阻力不随过滤压强差而变化，每获得$1m^3$滤液所生成的滤饼体积也无显著变化。

实验任务书（3）

板框过滤机最佳过滤时间和最大生产能力的研究

在板框过滤机的一个操作循环中，过滤、洗涤、卸渣、重装等阶段依次进行。其中卸渣和重装等辅助时间是固定的，而过滤和洗涤时间是可以人为选择的。过滤时间过长或过短，都会使生产能力变小，因此，存在着一个使生产能力最大的最佳操作周期。请你根据实验室的设备，完成该课题的研究。主要研究任务和要求包括：

① 利用实验方法确定板框过滤机最佳过滤时间和最大生产能力研究所必需的参数，如过滤常数、压缩性指数、过滤速率曲线等。

② 结合实验现象和数据图、表对实验结果进行必要的分析。

③ 利用微分法或积分法处理实验数据，用图解法或解析法确定板框过滤机的最佳过滤时间、生产能力和最大生产能力，并对板框过滤最佳过滤时间、生产能力和最大生产能力的影响因素进行探讨。

实验任务书（4）

过滤压力对 $CaCO_3$ 悬浮液过滤过程的影响研究

课题主要研究任务和要求包括：

① 根据研究主题，设计实验方案。

② 通过实验确定过滤常数、压缩性指数等过滤参数。

③ 结合实验现象对滤饼空隙率、含水量等参数进行必要的分析。

④ 利用积分法或微分法处理实验数据，结合图、表探讨过滤压力对过滤速率、过滤常数、生产能力等方面的影响。

7.4 实验四 传热实验

在工业生产中传热是一个重要的单元操作，其投资在化工厂设备投资中可占到40%以上。换热器的种类繁多，各种换热器的性能差异很大，为了合理的选用、操作、设计换热器，应该对它们的性能有充分的了解，除了文献资料外，实验测定换热器的性能是重要的途径之一。本传热实验是测定套管换热器的传热性能，装置有两根套管换热器，一根为普通套管换热器，另一根为内插螺旋线圈的套管换热器，用水蒸气加热空气。

7.4.1 实验目的

（1）掌握传热系数 K、传热膜系数 α_1 的测定方法，加深对其概念和影响因素的理解。

（2）学会用作图法或最小二乘法确定关联式 $Nu = ARe^m$ 中常数 A、m 的值。

（3）通过对普通套管换热器和强化套管换热器的比较，了解工程上强化传热的措施。

7.4.2 实验原理

流体在圆形直管中作强制湍流时，对流给热系数的准数关联式为：

$$Nu = BRe^m Pr^n \tag{7-4-1}$$

系数 B 与指数 m 和 n 则需由实验加以确定。对于气体，Pr 基本上不随温度而变，可视为一常数，因此，式（7-4-1）可简化为：

$$Nu = ARe^m \tag{7-4-2}$$

$$Nu = \frac{\alpha_1 d_1}{\lambda} \qquad Re = \frac{d_1 u_1 \rho}{\mu}$$

式中，Re 中流速 u_1 是通过测孔板流量计的压差求得，空气的密度 ρ 与粘度 μ 是测进、出口温度查物性数据或由公式计算得到。Nu 通过 α_1 求得。对于一侧为饱和蒸汽加热另一侧空气的情况，由于蒸汽侧对流给热系数 $\alpha_2 \gg \alpha_1$，且换热器内管为紫铜管，其热导率很大，管壁很薄，则：

$$K \approx \frac{\alpha_1 d_1}{d_2} \tag{7-4-3}$$

又

$$Q = m_{s2} c_{p2} (t_2 - t_1) = KA\Delta t_m \approx \alpha_1 \frac{d_1}{d_2} A\Delta t_m \tag{7-4-4}$$

由式（7-4-4）可通过空气的质量流量、空气的进、出口温度和蒸汽温度（因为换热器内管为紫铜管，其导热系数很大，且管壁很薄，故认为内、外壁温度与壁面的平均温度近似相等，也等于蒸汽温度）反求出 α_1，即可得到不同流量下的 Nu 和 Re，然后用作图法或线性回归方法（最小二乘法）确定关联式 $Nu = ARe^m$ 中常数 A、m 的值。

7.4.3 实验装置

（1）流程。

实验装置流程如图 7-4-1 所示。装置的主体是两根平行的套管换热器，内管为紫铜材质，外管为不锈钢管，两端用不锈钢法兰固定。实验用的蒸汽发生器为电加热釜，加热电压可由固态调节器调节。空气由旋涡气泵提供，使用旁路调节阀调节流量。蒸汽管路使用三通和球阀分别控制蒸汽进入两个套管换热器。

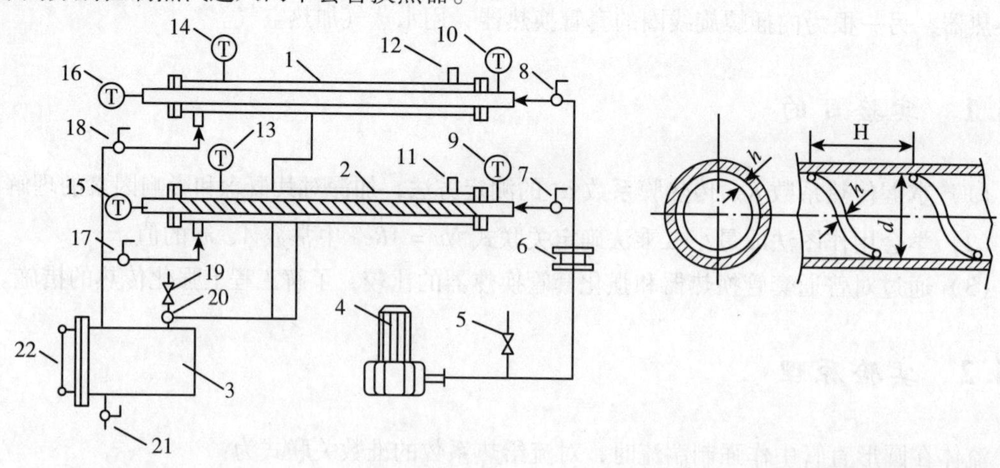

图 7-4-1a 空气—水蒸气传热实验装置流程

图 7-4-1b 强化管内部螺旋线圈结构

1-普通套管换热器；2-强化套管换热器；3-蒸汽发生器；4-旋涡气泵；5-旁路调节阀；6-孔板流量计；7、8-空气支路控制阀；9、10-空气进口温度计；11、12-蒸汽排出口；13、14-管壁温度计；15、16-空气出口温度；17、18-蒸汽支路控制阀；19-加水口；20-冷凝液回流口；21-放水口；22-液位计。

空气由旋涡气泵吹出，由旁路调节阀调节，经孔板流量计，由支路控制阀选择不同的支路进入换热器。壳程蒸汽由加热釜产生后自然上升，经支路控制阀选择逆流进入换热器壳，由另一端蒸汽出口自然喷出。

强化套管换热器是采用在换热器内管插入螺旋线圈的方法来强化传热的。螺旋线圈的结构如图 7－4－1b 所示。螺旋线圈由直径 1mm 以上的铜丝或钢丝按一定节距绕成。将金属螺旋线圈插入并固定在管内，即可构成一种强化传热管。在近壁区域，流体一面由于螺旋线圈的作用而发生旋转，一面还周期性地受到螺旋线圈金属丝的扰动，因而可以强化传热。螺旋线圈是以线圈节距 H 与管内径 d 的比值以及管壁粗糙度（$2d/h$）为主要技术参数，且 H/d 是影响传热效果和阻力系数的重要因素。

(2) 测量仪表。

测量仪表的面板如图 7－4－2 所示。

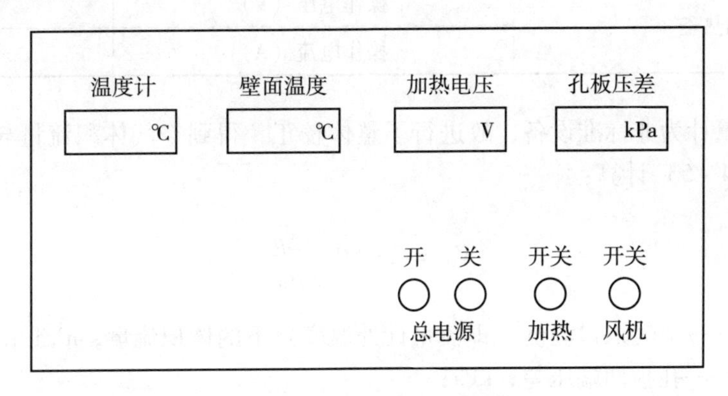

图 7－4－2　测量仪表面板

温度计显示仪表的 CH 值分别代表：

CH1——显示普通管空气进口温度；CH2——显示普通管空气出口温度；

CH3——显示强化管空气进口温度；CH4——显示强化管空气出口温度；

CH5——显示电加热釜水温。

壁面温度显示仪表上、下方的值分别代表：

上方——显示普通管的壁面温度；下方——显示强化管的壁面温度。

7.4.4　主要技术数据

(1) 传热实验装置主要技术参数。

传热实验装置主要技术参数如表 7－4－1 所示。

(2) 空气流量计。

① 由孔板与压力传感器及数字显示仪表组成空气流量计。

② 不锈钢孔板的孔径比 $m = 17\text{mm}/44\text{mm} \approx 0.39$。

表 7-4-1　　　　　　　　　　实验装置主要技术参数

实验内管内径 d_1 (mm)		19.25
实验内管外径 d_2 (mm)		22.01
实验外管内径 D_1 (mm)		50
实验外管外径 D_2 (mm)		52.5
总管长（紫铜内管）L (m)		1.30
测量段长度 l (m)		1.00
强化内管内插物（螺旋线圈）尺寸	丝径 h (mm)	1
	节距 H (mm)	40
加热釜	操作电压 (V)	≤200
	操作电流 (A)	≤10

③ 孔板流量计为非标准设备，故进行了整体校正，得到空气体积流量与压差之间的关系，由式（7-4-5）计算：

$$V_{t1} = 23.80\sqrt{\frac{\Delta p}{\rho_{t1}}} \tag{7-4-5}$$

式中，V_{t1} ——空气入口温度（即流量计处温度）下的体积流量，m^3/h；

Δp ——孔板两端压差，kPa；

ρ_{t1} ——空气入口温度（即流量计处温度）下的密度，kg/m^3。

④ 实验条件下的空气体积流量计算：

$$V = V_{t1} \times \frac{273 + \bar{t}}{273 + t_1} \tag{7-4-6}$$

式中，V——实验条件（管内平均温度）下的空气体积流量，m^3/h；

$\bar{t}$ ——管内平均温度，℃；

t_1 ——传热内管空气进口（即流量计处）的温度，℃。

（3）温度测量。

① 空气进、出传热管测量段的温度 t_1、t_2（℃）由电阻温度计测量，可由数字显示仪表直接读出。

② 管外壁面平均温度 T_w（℃）由热电偶温度计测量，可由数字显示仪表直接读出。蒸汽温度 T_s（℃）与 T_w 近似相等，即：

$$T_s = T_w \tag{7-4-7}$$

（4）物性参数。

在传热设备中，沿着流体流动的方向上，流体的物性参数随温度发生变化，并且当流量发生变化时，由于平均温度的变化也引起物性的变化。为了实验研究方便及实现计算机辅助计算，将物性参数与定性温度的关系回归成以下多项式。多项式中的温度范围为0℃ ≤ t ≤100℃。

① 空气密度（kg/m^3）：

$$\rho = 1.2916 - 0.0045t + 1.05828 \times 10^{-5}t^2 \quad (7-4-8)$$

② 空气比热（kJ/kg · ℃）：

$$c_p = 1.00492 - 2.88378 \times 10^{-5}t + 8.88638 \times 10^{-7}t^2 - 1.36051 \times 10^{-9}t^3 + 9.38989 \times 10^{-13}t^4 - 2.57422 \times 10^{-16}t^5 \quad (7-4-9)$$

③ 空气粘度（Pa · s）：

$$\mu = 1.71692 \times 10^{-5} + 4.96573 \times 10^{-8}t - 1.74825 \times 10^{-11}t^2 \quad (7-4-10)$$

④ 空气导热系数（W/m · ℃）：

$$\lambda = 0.02437 + 7.83333 \times 10^{-5}t - 1.51515 \times 10^{-8}t^2 \quad (7-4-11)$$

（5）电加热釜。

电加热釜是产生水蒸气的装置，使用体积为7升（加水至液位计的上端红线处）。内装有一支2.5kW的螺旋形电热器，由200V电压加热，约25min左右水便沸腾。为了安全，建议最高加热电压不要超过200V（可由固态调压器调节）。

（6）气源。

空气由XGB－2型旋涡气泵（鼓风机）提供，使用三相电源，电机功率约为0.75kW。

注意：在使用过程中，漩涡气泵输出空气的温度呈上升趋势。

7.4.5 实验操作步骤及要点

（1）实验前的准备。

① 向电加热釜加水至液位计上端红线处。

② 检查空气流量旁路调节阀是否全开。

③ 检查普通管支路各控制阀是否已打开，保证蒸汽和空气管路的畅通。

④ 检查强化管支路各控制阀是否已关闭。

⑤ 接通电源总闸，设定加热电压，启动电加热器开关，开始加热。

（2）实验开始。

① 加热10min，启动鼓风机，保证实验开始时空气入口温度 t_1 比较稳定。

② 水沸腾后，水蒸气自行充入普通套管换热器外管，观察到蒸汽排出口有恒量蒸汽排出，标志着实验可以开始。

③ 调节空气流量旁路阀的开度，使压差计读数为所需的空气流量值。旁路调节阀全开时，通过传热管的空气流量为所需的最小值，全关时为最大值。若为计算机在线数据采集，则可直接从屏幕上读取空气流量值。

④ 稳定5～8min左右读取压差计读数和各温度计读数。

注意：第1个数据点必须稳定15min。若为计算机在线数据采集，则可直接从屏幕上读取这些数值。

⑤ 重复（3）与（4）步骤，共做7个空气流量值实验。

注意：最小、最大流量值一定要做。

⑥ 整个实验过程中，加热电压可以保持不变，也可随空气流量的变化做适当调节。

（3）实验结束。

① 关闭加热器开关。

② 过5min后关闭鼓风机，并将旁路阀全开。

③ 切断总电源。

④ 若需几天后再做实验，则应将电加热釜中的水放干净。

7.4.6 注意事项

（1）实验前一定要检查电加热釜中的水位是否在正常范围内。

（2）必须保证蒸汽上升管路的畅通，即在给蒸汽加热釜电压之前，两蒸汽支路控制阀之一必须全开。在转换支路时，应先开启需要的支路阀，再关闭原支路阀，且开启和关闭控制阀必须缓慢，防止管路截断或蒸汽压力过大突然喷出。

（3）必须保证空气管路的畅通。即在接通电机电源之前，两个空气支路控制阀之一和旁路调节阀必须全开。在转换支路时，应先将旁路调节阀全开，然后开启需要的支路阀，再关闭原支路阀。

7.4.7 实验数据计算机采集与控制系统的使用

启动程序，此时屏幕上出现：

文件　实验操作　结果显示　帮助
传热计算机数据采集程序
天津大学 化工基础实验中心

当选择实验操作项后，屏幕上出现如图7－4－3所示的菜单。在做好实验前准备工作的前提下，点击“加热启动”，约10min后，点击“风机启动”。当设备运行稳定后，点击“光滑管采集”或“强化管采集”，屏幕上会出现询问采集方法选择的对话框，有“按采集键采集”和“设定时间定时采集”两种方法供选择。点击采集数据，即可采集到某一空气流量下的所有数据。改变空气流量，稳定5～8min左右，再点击采集数据，可采集到另一空气流量下的所有数据。

注意：空气流量的调节只能用手工操作，其他事项参见上述的7.4.5和7.4.6部分。

实验操作

- 风机启动
- 风机停止
- 加热启动
- 加热停止
- 光滑管采集
- 强化管采集
- 合并数据
- 取消数据
- 采集数据
- 结束实验

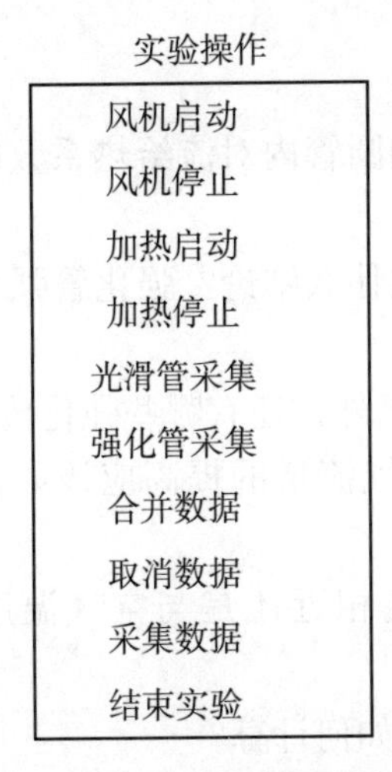

图7-4-3 实验操作菜单

结果显示

- 采集界面
- 数据表
- 曲线表
- 曲线回归

图7-4-4 结果显示菜单

当选择“结果显示”项后，屏幕上出现如图7-4-4所示的菜单。点击“采集界面”，则屏幕上出现如图7-4-5所示的实验流程和数据采集点分布图（温度不够时，不显示采集界面），在图中有9个数字显示框。从图中可以观察到各个数据的变化情况。随时可以访问“数据表”和“曲线表”，了解实验的进展。

当所有数据采集完毕，点击“曲线回归”可获得传热方程。点击图7-4-3的“结束实验”，可以结束本次实验。点击“文件”中的“打印”栏，可打印本次实验的结果。

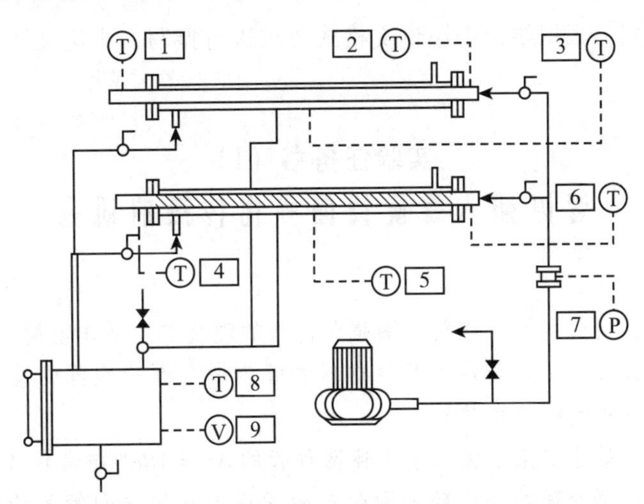

图7-4-5 传热实验数据采集点分布

1-普通管空气出口温度（℃）；2-普通管空气进口温度（℃）；3-普通管换热器壁温（℃）；4-强化管空气出口温度（℃）；5-强化管空气进口温度（℃）；6-强化管换热器壁温（℃）；7-空气流量（m^3/h）；8-蒸汽发生器水温（℃）；9-蒸汽发生器加热电压（V）。

7.4.8 思考题

（1）根据实验测定的 $Nu \sim Re$ 经验关联式，讨论影响圆管内对流给热系数的主要因素有哪些？这些因素是如何对 α 产生影响的？

（2）比较普通管与强化管的 $Nu \sim Re$ 关联式，可得到什么结论？强化管强化传热的机理是什么？强化传热要以什么为代价？

（3）在普通管内添加螺旋线圈，可强化传热；除此以外，还有哪些强化传热措施？

（4）在传热实验过程中，理论上空气出口温度随空气流量的提高应该如何变化？而实际情况是否与此结论相符，若不相符，试讨论原因。

（5）在本次传热实验中，传热管壁温是与蒸汽温度相近还是与空气温度相近？原因何在？

（6）以空气为介质的传热实验，其雷诺数 Re 最好应如何计算？

（7）在本传热实验中，蒸汽侧需要排放什么流体？原因何在？

（8）当空气流量增大时，蒸汽的冷凝量和传热量如何变化？

7.4.9 实验报告的撰写

实验报告可按实验报告格式或小论文格式撰写。

（1）实验报告格式。根据绪论中实验报告格式要求进行撰写，并按要求回答以上思考题。

（2）小论文格式。根据绪论中小论文格式要求进行撰写，小论文题目可从以下几类中选择或自拟题目。

实验任务书（1）
管内插入螺旋线圈强化传热的研究

任务要求：

（1）查阅资料，对管内插入螺旋线圈强化传热的现状与发展作出简要评述。

（2）设计实验方案，测定普通套管换热器和管内插入螺旋线圈的套管换热器的传热系数 K 及空气对管壁的对流给热系数 α_1。

（3）用作图法或最小二乘法关联出上述两种管的 $Nu = ARe^m$ 中常数 A、m 的值。

（4）根据实验数据处理结果比较普通管与管内插入螺旋线圈管的传热效果，对螺旋线圈强化传热的机理进行探讨。

（5）分析管内螺旋线圈的直径和螺距对传热及传热阻力的影响，以及使用螺旋线圈强化传热的优缺点。

实验任务书（2）
强化传热的途径探讨

任务要求：

（1）查阅资料，概述强化传热的途径。

（2）以实验室提供的普通套管换热器和管内插入螺旋线圈的套管换热器为例，设计一实验方案，测定不同流速下的普通套管换热器或强化套管换热器的传热膜系数 α_1。

（3）用作图法或最小二乘法关联出上述两种管的 $Nu = ARe^m$ 中常数 A、m 的值。

（4）通过实验数据比较，探讨螺旋线圈强化传热的机理，提出还有哪些措施可提高传热效果？

（5）传热系数随着雷诺数的增大而增大，试分析是否存在最佳的操作雷诺数。

实验任务书（3）
对流给热系数的测定与列管换热器设计（适用于普通管）

任务要求：

（1）设计一列管换热器，用 110℃ 的水蒸气将空气加热至 90℃，空气来源于周围环境，流量分别为 $5000m^3/h$、$8000m^3/h$ 和 $10000m^3/h$。

（2）为了给设计提供空气的对流给热系数，利用实验室现有的套管换热器，设计适宜的实验方案测定空气在圆管内传热的对流给热系数。

（3）根据当地气候条件确定空气进口温度，进行列管换热器的设计，给出列管换热器的主要结构参数，如管数、管程数、壳程数、管子直径、壁厚、管长、裕度、具体型号等，并校核空气流速与阻力。

实验任务书（4）
对流给热系数的测定与套管换热器设计（适用于强化管）

任务要求：

（1）设计一具有螺旋线圈内插物的套管换热器，用于预热空气，加热介质为 120℃ 的水蒸气，需将空气加热至 110℃，空气来源于周围环境，流量分别为 $80m^3/h$、$90m^3/h$ 和 $100m^3/h$。

（2）制订适宜的实验方案，测定内插螺旋线圈管内空气的对流给热系数。

（3）根据当地气候条件确定空气进口温度和适宜的空气流速，进行套管换热器的设计，给出套管换热器的主要结构参数，如内管直径、内管壁厚、管长等，并校核其阻力。

7.5 实验五 吸收实验

气体吸收是典型的分离气体混合物的化工单元操作过程。吸收过程通常在填料吸收塔中进行。根据气、液两相的流动方向，分为逆流操作和并流操作两类，工业生产中以逆流操作为主。吸收系数是决定吸收过程速率高低的重要参数，它不仅与流体的物性、设备类型、填料的形状和规格等有关，而且还和塔内的流动状况、操作条件密切相关。因此只有实验测定才是获得吸收系数的根本途径。对于相同物系及填料类型、尺寸已固定的设备而言，吸收系数将随着操作条件及气液接触状况的不同而变化，故掌握填料塔流体力学特性中 $\Delta p/z \sim u$ 曲线的测定也显得十分重要。

7.5.1 实验目的

（1）熟悉填料吸收塔的结构与操作方法。

（2）掌握塔的传质能力和传质效率的测定方法。

（3）学会分析操作条件变化对塔性能的影响。

（4）了解 $\Delta p/z \sim u$ 曲线和气相总体积吸收系数 $K_Y a$ 对工程设计的重要意义。

7.5.2 实验内容

（1）测定两个液相流量下的 $\Delta p/z \sim u$ 曲线，确定出液泛气速。

（2）固定液相流量和入塔混合氨气的浓度，在液泛速度以下取两个相差较大的气相流量，分别测定塔的传质能力（传质单元数 N_{OG} 和吸收率 η）和传质效率（传质单元高度 H_{OG} 和气相总体积吸收系数 $K_Y a$）。

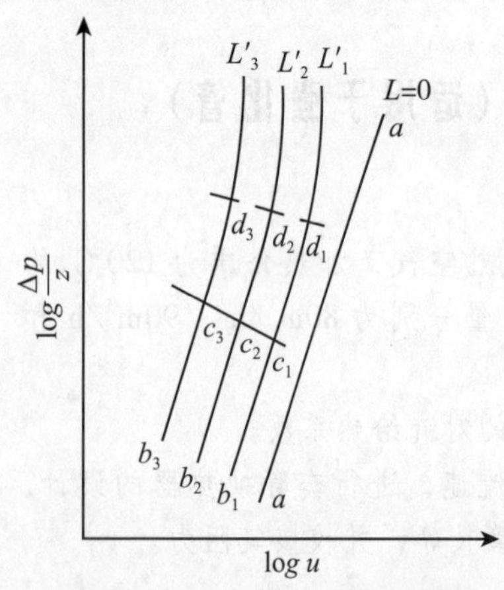

图 7-5-1 填料层压降～空塔气速关系

7.5.3 实验原理

1. 填料塔流体力学性能。

填料塔流体力学性能主要包括填料层的持液量、填料层的压降、液泛、填料表面的润湿及返混等。其中填料层的压降和液泛气速的测定是为了计算填料塔所需动力消耗和确定填料塔的适宜操作范围，选择合适的气液负荷。

气体通过干填料层时，流体流动引起的压降和湍流流动引起的压降规律相一致。在双对数坐标系中以 $\Delta p/z$ 对 u 作图得到一条斜率为 1.8～2 的直线（图 7-5-1 中的 aa 线）。而有喷淋量时，在低气速时（c 点以前）压降也比例于气速的 1.8～2 次幂，但稍大于同一气速下干填料的压降（图中 bc 段）。随气速增加，出现载点（图中 c 点），持液量开始增大。从图中看出载点的位置不是十分明确，说明气液两相流动的相互影响开始出现。压降—气速线向上弯曲，斜率变徒（图中 cd 段）。当气体增至液泛点（图中 d 点，实验中可以目测出）后，在几乎不变的气速下，压降急剧上升，此时液相完全转为连续相，气相完全转为分散相，塔内液体返混合气体的液沫夹带现象严重，传质效果极差。载点与泛点的存在将 $\Delta p/z \sim u$ 关系分为三个区段：恒持液量区、载液区和液泛区。

在一定喷淋量下，逐步增大气速，记录必要的数据，直至出现液泛现象。出现液泛后继续测定三点数据，会使湿塔曲线更为完整。

（1）每米填料层的压降 $\Delta p/z$。

流体流过填料会有阻力损失产生压降，$\Delta p/z$ 为流体流过每米填料产生的压降，Δp 为填料层压差，mmH_2O；z 为填料层高度，m。

（2）空气的空塔气速：

$$u = \frac{V_{air}}{3600 \times (\pi/4) D^2} \tag{7-5-1}$$

式中，u ——空气的空塔气速，m/s；

V_{air} ——操作条件下空气的流量，m^3/h。

由于空气转子流量计是用空气在 1.013×10^5 Pa、20℃下标定的，因此在使用时应进行校正，校正公式如下：

$$V_{air} = V_1 \times \sqrt{\frac{(273 + t) \times 1.013 \times 10^5}{(273 + 20) \times (1.013 \times 10^5 + 9.81 \times p)}} \tag{7-5-2}$$

式中，V_1 ——空气转子流量计读数，m^3/h；

t ——空气转子流量计处空气的温度，℃；

p ——对应空气流量压强降，mmH_2O。

2. 传质性能。

填料塔的传质性能包括传质能力（传质单元数 N_{OG} 和吸收率 η）和传质效率（传质单元高度 H_{OG} 和气相总体积吸收系数 $K_Y a$）。

本实验物系为用水吸收氨。由于所用气体混合物中氨的浓度很低（摩尔比为 0.02 ~ 0.03），所得吸收液的浓度也不高，故可以认为气液平衡关系服从亨利定律，可用方程式 $Y^* = mX$ 表示。又因为常压操作，相平衡常数 m 值仅是温度的函数。

（1）N_{OG}、H_{OG}、$K_Y a$、η 计算公式（低浓度）。

$$N_{OG} = \frac{Y_1 - Y_2}{\Delta Y_m} \tag{7-5-3}$$

$$H_{OG} = \frac{z}{N_{OG}} \tag{7-5-4}$$

$$K_{Y}a = \frac{V_{B}}{H_{OG} \times (\pi/4) \times D^{2}} \qquad (7-5-5)$$

$$\eta = \frac{Y_{1} - Y_{2}}{Y_{1}} \times 100\% \qquad (7-5-6)$$

式中，N_{OG}——气相总传质单元数；

Y_1 ——塔底混合气中溶质与惰性气体的摩尔比（也称塔底气相浓度）；

Y_2 ——塔顶混合气中溶质与惰性气体的摩尔比（也称塔顶气相浓度、尾气浓度）；

ΔY_m——所测填料层两端面上气相总对数平均推动力；

H_{OG}——气相总传质单元高度，m；

z ——填料层高度，m；

K_Ya——气相总体积吸收系数（以 ΔY 为推动力），kmol /（m^3 · h）；

V_B ——空气的摩尔流量，kmol/h；

D ——填料塔直径，m；

η ——混合气体中氨被吸收的百分率（吸收率）。

（2）传质性能的测定方法及计算步骤。

由公式（7－5－3）~（7－5－6）可知，要计算 N_{OG}、H_{OG}、K_Ya、η，必须将公式右边各项分别求出。在本实验中，塔直径 D、填料层高度 z 为已知，V_B、Y_1 由测定进塔气体中的空气量和氨气量求出；Y_2 用滴定法测定，ΔY_m 中的各项可用平衡关系式和塔底液相浓度求出。下面介绍整理数据的步骤：

① 操作条件下的空气流量 V_{air}和空气摩尔流量 V_B。

空气流量 V_{air}用公式（7－5－2）求解。

空气的摩尔流量 V_B 用下式计算：

$$V_{B} = \frac{\rho_{air} V_{air}}{M_{air}} \qquad (7-5-7)$$

$$\rho_{air} = 1 \times 10^{-5} t^{2} - 0.0046t + 1.2924 \qquad (7-5-8)$$

式中，M_{air}——空气的分子量（取 29）；

ρ_{air}——操作条件下的空气密度，kg/m^3；

t ——空气转子流量计处空气的温度，℃。

② 氨气流量 V_{NH_3}。

$$V_{NH_{3}} = V_{2} \times \sqrt{\frac{\rho'_{air}(273 + t)}{\rho_{NH_{3}}(273 + 20)}} \qquad (7-5-9)$$

$$\rho_{NH_{3}} = 7 \times 10^{-6} t^{2} - 0.0027 \times t + 0.7603 \qquad (7-5-10)$$

式中，V_{NH_3}——操作条件下氨气的流量，m^3/h；

V_2 ——氨气转子流量计读数，m^3/h；

ρ'_{air} ——标定状态下空气的密度，kg/m^3；$\rho'_{air}=1.204\ kg/m^3$；

ρ_{NH_3}——操作条件下氨的密度；

t ——氨气转子流量计处的温度,℃，本实验可以用大气温度代替。

③ 塔底气相浓度 Y_1。

$$Y_1 = \frac{V_{NH_3}}{V_{air}} \tag{7-5-11}$$

④ 塔顶气相浓度 Y_2。

采用滴定法测定尾气浓度，因为氨与硫酸中和反应式为：

$$2NH_3 + H_2SO_4 = (NH_4)_2SO_4$$

所以到达滴定终点时，被滴物的摩尔数 n_{NH_3} 和滴定剂的摩尔数 $n_{H_2SO_4}$ 之比为：

$$n_{NH_3} : n_{H_2SO_4} = 2 : 1$$

$$n_{NH_3} = 2n_{H_2SO_4} = 2M_{H_2SO_4} \times V_{H_2SO_4}$$

所以，

$$Y_2 = \frac{n_{NH_3}}{n_{air}} = \frac{2M_{H_2SO_4} \times V_{H_2SO_4}}{\left(V_{量气管} \times \frac{T_0}{T_{量气管}}\right) \Big/ 22.4} \tag{7-5-12}$$

式中，n_{NH_3}，n_{air}——分别为氨气和空气的摩尔系数；

$M_{H_2SO_4}$ ——测尾气用硫酸溶液体积摩尔浓度，mol 溶质/l 溶液；

$V_{H_2SO_4}$ ——测尾气用硫酸溶液的体积，ml（取 5ml）；

$V_{量气管}$ ——量气管内空气的总体积，ml；

T_0 ——标准状态时绝对温度，273K；

T ——操作条件下的空气绝对温度，K。本实验可用大气温度替代。

⑤ 塔底液相浓度 X_1。

采用滴定法测定。

$$X_1 = \frac{2M'_{H_2SO_4} \times V'_{H_2SO_4} \times 18}{V_{样品} \times 1000} \tag{7-5-13}$$

式中，X_1 ——塔底溶液中溶质与溶剂的摩尔比（塔底液相浓度）；

$M'_{H_2SO_4}$——滴定塔底吸收液用硫酸的浓度 M，mol/l；

$V'_{H_2SO_4}$——滴定塔底吸收液用硫酸的体积，ml；

$V_{样品}$ ——塔底液相样品的体积，ml（取 10ml）。

⑥ 相平衡常数 m。

$$m = 6 \times 10^{-4} t^2 + 0.0123 \times t + 0.2931 \tag{7-5-14}$$

式中，m ——相平衡常数；

t ——塔底液相的温度,℃。

⑦ 气相总对数平均推动力 ΔY_m。

$$\Delta Y_1 = Y_1 - mX_1 \tag{7-5-15}$$

$$\Delta Y_2 = Y_2 - mX_2 \tag{7-5-16}$$

$$\Delta Y_m = \frac{\Delta Y_1 - \Delta Y_2}{\ln(\Delta Y_1/\Delta Y_2)} \tag{7-5-17}$$

式中，X_2 ——塔顶溶液中溶质与溶剂的摩尔比（用水吸收，故 $X_2 = 0$）；

ΔY_1 ——塔底的气相推动力；

ΔY_2 ——塔顶的气相推动力。

⑧ 将已知的塔直径 D、填料层高度 z 及以上步骤求出的参数代入式（7－5－3）至式（7－5－6）即可求出 N_{OG}、H_{OG}、$K_Y a$、η。

7.5.4 实验装置与流程

吸收实验装置流程如图 7－5－2 所示。空气由鼓风机 1 送入空气转子流量计 4 计量，空气流量由空气流量调节阀（也称旁路调节阀）2 调节，空气通过流量计处的温度由温度计 3 测量、压强降由 U 形管压差计 5 测量。氨气由氨气瓶 17 送出，经过氨气瓶总阀 18 进入氨气转子流量计 21 计量，通过氨气转子流量计处的温度 19 可用实验时大气的温度代替，其流量由阀 20 调节，然后进入空气管道与空气混合后进入吸收塔 6 的底部。水由自来水管流经水转子流量计 12 计量，水的流量由阀 11 调节，然后进入塔顶。

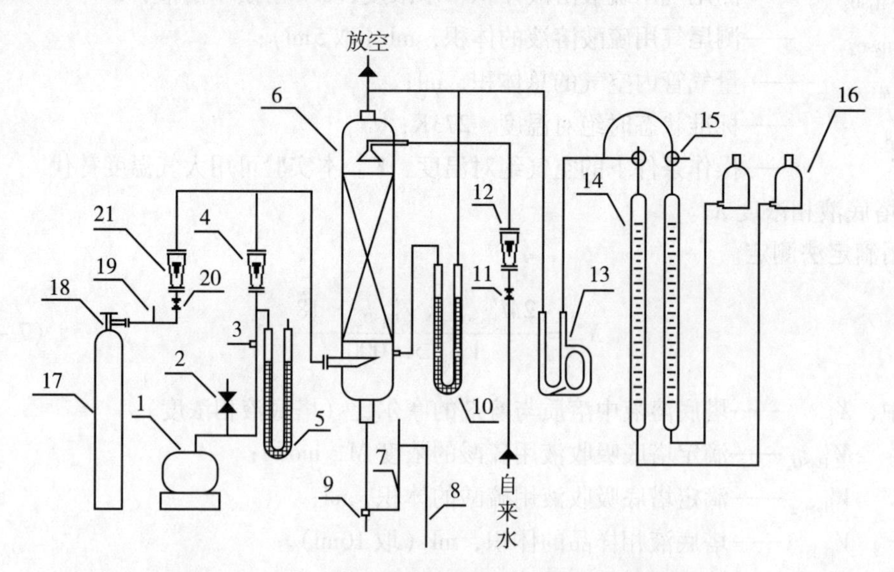

图 7－5－2 填料吸收塔实验装置流程示意图

1－鼓风机；2－空气流量调节阀；3、9、19－温度计；4－空气转子流量计；5、10－U 形管压差计；6－填料吸收塔；7－液封管；8－吸收液取样口；11－水流量调节阀；12－水转子流量计；13－吸收瓶；14－量气管；15－量气管旋塞；16－水准瓶；17－氨气瓶；18－氨气瓶阀门；20－氨气流量调节阀；21－氨气转子流量计。

测定塔顶尾气浓度时靠降低水准瓶 16 的位置，将塔顶尾气吸入吸收瓶 13 和量气管 14，其反应速度可由旋塞15调节。在吸入塔顶尾气之前，预先在吸收瓶13内放入5ml已知浓度的硫酸，用来吸收尾气中的氨。

吸收液的取样可用塔底取样口8进行，吸收液温度由温度计9测量。填料层压降用U形管压差计10测量。

7.5.5 实验操作步骤及要点

1. 填料塔流体力学性能测定。

填料塔流体力学性能测定不需要开动氨气系统，仅用水和空气进行操作即可。

（1）测量干填料层 $\Delta p/z-u$ 关系曲线。

① 润湿填料。先开动供水系统（大约50l/h），然后全开空气流量调节阀2，启动鼓风机，用阀2调节进塔的空气流量。慢慢加大气速到接近液泛，之后再全开阀2，关闭供水系统，目的是使填料全面润湿一次。

② 参数测定。用阀2调节进塔的空气流量。按空气流量从小到大的顺序进行实验，分别读取空气转子流量计的读数、对应空气流量的压强降、空气流量计处空气温度和填料层的压降 Δp，然后在对数坐标纸上以空塔气速 u 为横坐标，以单位高度的压降 $\Delta p/z$ 为纵坐标，标绘干填料层 $\Delta p/z-u$ 关系曲线，如图7－5－1所示。

（2）测量某喷淋量下填料层 $\Delta p/z-u$ 关系曲线。

将水喷淋量调节到某一值（例如40l/h），用上面相同的方法读取空气转子流量计的读数、对应空气流量的压强降、空气流量计处空气温度和填料层的压降 Δp，并注意观察填料表面气液接触状况。接近液泛时，进塔气体量应缓慢增加。要注意，此时压降变化是一个随机变化过程，无稳定过程，因此读取数据和调节空气流量的动作要快，否则测出的曲线会不完整。液泛后填料层压降在几乎不变的气速下明显上升，切不可使气速过分超过泛点。出现液泛现象时，仍需继续测2～3组数据。然后在对数坐标纸上标出液体喷淋量为40l/h下的 $\Delta p/z-u$ 关系曲线（如图7－5－1所示），确定液泛气速并与观察到的液泛气速相比较。

更改水喷淋量，按上述步骤，可测定不同水喷淋量下的 $\Delta p/z-u$ 关系曲线。

2. 传质性能测定。

（1）氨气流量的确定。选择适宜的空气流量和水流量（建议水流量为30l/h），根据空气转子流量计的读数，为保证混合气体中氨组分为0.02～0.03（摩尔比），计算出氨气流量计流量读数。例如，空气转子流量计的读数为5m^3/h，则氨气流量计的流量读数可以设为0.1～0.15m^3/h。

（2）氨气系统的开动方法。事先要弄清楚氨气减压阀的构造。开动时首先将氨气减压阀的弹簧放松，使氨气减压阀处于关闭状态，然后打开氨气瓶的瓶顶阀，此时氨气减压阀的高压压力表应有示值。在确认氨气转子流量计前的调节阀已关闭后，再缓缓压紧减压阀的弹簧，使阀门打开，同时注视低压氨气压力表示值，达到0.05～0.08MPa（即0.5或者0.8kgf/cm^2）时即可停止。然后用氨气转子流量计前的调节阀调节氨气流量，便可正常使用。关闭氨气系统的步骤和开动步骤相反。

（3）流量调节及参数测定。先调节好空气流量和水流量，然后按步骤（2）调节氨流量，使其达到需要值。在空气、氨气和水的流量不变的条件下操作一定时间，待过程基本稳定后，开始记录各相关数据，并按下述方法分析塔顶尾气及塔底吸收液的浓度。

（4）塔顶尾气分析方法。

① 量气管刻度调零。打开量气管上方的旋塞，上下移动水准瓶，当其中的水面达到最上端的刻度线零点处时，关闭旋塞。

② 用移液管向吸收瓶内装入 5ml 浓度为 0.005M 左右的硫酸并加入 1～2 滴甲基橙指示液。

③ 将水准瓶移至下方的实验架上，缓慢地旋转量气瓶上的旋塞，让塔顶尾气通过吸收瓶。旋塞的开度不宜过大，否则吸收不完全。

④ 从尾气开始通入吸收瓶起就必须始终观察瓶内液体的颜色变化，中和反应达到终点时立即关闭旋塞，在量气管内水面与水准瓶内水面齐平的条件下读取量气管内空气的体积。

若某量气管内已充满空气，但吸收瓶内的反应未达到终点，可关闭对应的旋塞，读取该量气管内的空气体积，同时启用另一个量气管，让尾气继续通过吸收瓶。

（5）塔底吸收液的分析方法。

① 当吸收瓶中的反应到达终点后，即用三角瓶接取塔底吸收液样品约 200ml 并加盖。

② 用移液管取塔底溶液 10ml 置于另一个三角瓶中，加入 2 滴甲基橙指示剂。

③ 将浓度约为 0.05M 的硫酸置于酸滴定管内，用以滴定三角瓶中的塔底溶液至终点。

（6）在水喷淋量保持不变的条件下，加大或减小空气流量，相应地改变氨气流量，使混合气中的氨浓度与第一次传质实验时相同，重复上述操作，测定有关数据。

7.5.6 注意事项

（1）启动鼓风机前，务必将空气流量调节阀 2 全开。同理，实验完毕要停机时，也要将此阀全开，待转子降下来以后再停机，如果突然停机，气流突然停止，转子就会猛然掉下，打坏流量计。

（2）测定干填料压强降时，塔内填料务必事先润湿一遍。

（3）做传质性能实验时，水流量不能超过 40l/h，否则尾气的氨浓度极低，给尾气浓度分析带来麻烦。

（4）两次传质性能实验所用的进气氨浓度必须一样。

7.5.7 思考题

（1）填料吸收塔的流体力学性能指什么？

（2）填料塔的液泛与哪些因数有关？

（3）测量干填料层 $\Delta p/z-u$ 关系曲线时，为什么要事先润湿填料？

（4）测定喷淋量为零（干塔）的空塔气速 u 与每米填料压降 $\Delta p/z$ 之间的关系曲线时，第一组数据偏差较大的可能原因是什么？

（5）阐述干填料压降线和湿填料压降线的特征。

（6）吸收的原理是什么？

（7）用水吸收氨气的过程属气膜控制还是液膜控制？

（8）当气体温度与吸收液温度不同时，应按哪个温度计算相平衡常数？

（9）当 Y_1 浓度不变时，若要提高 X_1，可采取哪些措施？

（10）吸收操作与调节的三要素是什么？它们对吸收过程的影响如何？

（11）根据实验结果分析，在其他条件不变时，入口气量增加，则 K_Ya、H_{OG}、N_{OG}、s、Y_2、η 如何变化？

7.5.8 实验报告的撰写

实验报告可按实验报告格式或小论文格式撰写。

（1）实验报告格式。根据绪论中实验报告格式要求进行撰写，并按要求回答以上思考题。

（2）小论文格式。根据绪论中小论文格式要求进行撰写，小论文题目可从以下几类中选择或自拟题目。

实验任务书（1）

拉西环填料吸收塔流体力学性能及传质性能的研究

利用实验室现有的拉西环填料吸收塔（填料层高度、塔径均已知），完成以下流体力学性能及传质性能的测定：

（1）测定喷淋量 $L=0$（干塔）时，空塔气速 u 与每米填料压降 $\Delta p/z$ 之间的关系，将结果标绘在双对数坐标纸上，求出干塔曲线斜率并与理论值相比较。

（2）测定喷淋量 $L=40$l/h（湿塔）时，空塔气速 u 与每米填料压降 $\Delta p/z$ 之间的关系，将结果与干塔曲线标绘在同一张双对数坐标纸上，定出该喷淋量下的载点、泛点的位置及 3 个流动区域的划分，并深入探讨流体力学性能及测定流体力学性能曲线的工程意义。

（3）固定液相流量为 30l/h，进塔混合气中氨气的浓度控制在 $Y_1=0.02\sim0.03$ 范围内，在液泛气速以下取两个相差较大的气相流量并要求进塔氨气浓度必须一样。分别测定塔的传质能力（传质单元数 N_{OG}和回收率 η）和传质效率（传质单元高度 H_{OG}和气相总体积吸收系数 K_Ya）。并对两次传质实验的 K_Ya、H_{OG}、N_{OG}、s、Y_2、η 以及物料衡算的结果进行分析讨论。

实验任务书（2）
填料塔流体力学特性——压降规律与液泛规律的研究

利用实验室现有的拉西环填料吸收塔（填料层高度、塔径均已知），完成填料塔流体力学特性——压降规律与液泛规律的研究任务。

任务要求：

（1）测定喷淋量为零（干塔）时，空塔气速 u 与每米填料压降 $\Delta p/z$ 之间的关系，将结果标绘在双对数坐标纸上，求出干塔曲线斜率并与理论值相比较。

（2）测定在两种不同喷淋量（湿塔）时，空塔气速 u 与每米填料压降 $\Delta p/z$ 之间的关系，将结果与干塔曲线标绘在同一张双对数坐标纸上，定出该喷淋量下的载点、泛点的位置及3个流动区域的划分。

（3）深入探讨流体力学特征及测定流体力学特性曲线的工程意义。

（4）将液泛数据与Eckert填料塔液泛速度通用关联图比较，分析其产生误差的主要原因。

（5）完成在一定操作条件下，总传质系数 K_Ya 和回收率 η 的测定。

实验任务书（3）
填料塔操作条件的选择及操作条件对传质性能的影响研究

利用实验室现有拉西环填料吸收塔（填料层高度、塔径均已知），现要求吸收剂（清水）流量控制在30~40l/h范围之内，进塔空气流量为泛点时的60%~80%，进塔混合气中氨气的浓度控制在 $Y_1=0.03$ 范围内，试选择一定的操作条件，完成填料塔的操作参数及性能参数测定。

任务要求：

（1）测定填料塔流体力学特性曲线（干塔1条、湿塔2条），并根据一定操作条件下某一湿塔液泛时的进塔空气量，确定实际操作空气量及进塔的氨气量。

（2）根据上述（1）选择的操作条件，测定氨、空气、水系统的传质能力（传质单元数 N_{OG} 和回收率 η）和传质效率（传质单元高度 H_{OG} 和气相总体积吸收系数 K_Ya）。

（3）改变上述（2）的其中一个实验条件，同样测定传质能力和传质效率。

（4）对两次传质实验的 K_Ya、H_{OG}、N_{OG}、s、Y_2、η 以及物料衡算的结果进行分析讨论，研究操作条件对传质性能的影响。

实验任务书（4）
气膜控制吸收过程的特征探讨

利用实验室现有的拉西环填料吸收塔（填料层高度、塔径均已知），测定一定操作条件下的氨、空气、水系统的传质能力（传质单元数 N_{OG} 和回收率 η）和传质效率（传质单元高度 H_{OG} 和气相总体积吸收系数 K_Ya），对气膜控制吸收过程的特征进行探讨。

任务要求：

（1）按表7－5－1中的操作条件，进行$K_Y a$、H_{OG}、N_{OG}、Y_2、η的测定与计算。

（2）在双对数坐标纸上标绘出$K_Y a \sim G_B$的关系曲线，关联出回归方程，并与气膜阻力控制过程的$K_Y a \propto G_B^{0.7}$比较，探讨其合理性。

（3）探讨气体流率、液体流率的增加，对吸收速率的影响。

（4）探讨气膜阻力控制吸收过程的特征及改善吸收速率的有效途径。

表7－5－1　　实验操作条件

项目＼序号	1	2	3	4
空气流量［m^3/h］	6	10	10	12
氨气流量［m^3/h］	0.15	0.25	0.25	0.3
水流量［l/h］	30	30	40	30

7.6　实验六　精馏实验

精馏是分离液体混合物的单元操作，其分离的依据是液体混合物中各组分的挥发度不同。精馏实验既可在板式塔中进行也可以在填料塔中进行。当物系和精馏设备已固定，则精馏塔的操作因素就成为影响精馏装置稳定、高效生产的主要因素。如进料状况、回流比、采出量、操作压力、操作温度、塔釜加热量与冷却剂用量、塔釜液位等。操作条件的变化或外界的扰动，会引起精馏塔操作的不稳定，在操作过程中必须及时予以调节。附录5中列出了部分精馏操作不正常现象的原因分析及调节方法。精馏实验对培养独立分析、解决工程问题的能力十分有利。

7.6.1　实验目的

（1）了解筛板精馏塔和填料精馏塔的结构。

（2）熟悉精馏的工艺流程。

（3）掌握精馏塔的操作方法。

（4）掌握全塔效率、等板高度、单板效率的测定方法。

（5）学会分析操作状态变化对塔性能的影响。

7.6.2　实验内容

（1）测定全回流实验条件下的全塔效率和某一塔板上的单板效率。

（2）在某一回流比下连续精馏、稳定操作条件下，测定全塔效率或等板高度，以及某一塔板上的单板效率。

（3）改变某一操作条件（如改变回流比、进料浓度、进料量、进料位置），测定该实验条件下的全塔效率或等板高度，以及某一塔板上的单板效率，并将实验结果与内容（2）进行比较。

7.6.3 实验原理

1. 板式塔。

在板式精馏塔中，由塔釜产生的蒸气沿塔逐板上升，与来自塔顶逐板下降的回流液在塔板上实现多次接触，进行传热与传质，使混合液达到一定程度的分离。回流是精馏操作得以实现的基础，回流比是精馏操作的重要参数之一，它的大小影响着精馏操作的分离效果和能耗。此外，不同进料位置、不同进料浓度、不同进料量等同样影响着精馏操作的分离效果。在塔设备的实际操作中，由于受到传质时间和传质面积的限制，以及其他一些因素的影响，一般不可能达到气液平衡状态，实际塔板的分离作用低于理论塔板。因此，我们可以用全塔效率和单板效率来表示塔的分离效果。

（1）全塔效率（又称总板效率）E。

$$E = \frac{N}{N_e} \tag{7-6-1}$$

式中，E ——全塔效率；

N ——理论塔板数；

N_e——实际塔板数。

（2）单板效率 E_m。

单板效率又称为默弗里（Murphree）板效率，分为液相单板效率 E_{ml} 和气相单板效率 E_{mv}。

$$E_{ml,n} = \frac{x_{n-1} - x_n}{x_{n-1} - x_n^*} \tag{7-6-2}$$

式中，$E_{ml,n}$ ——第 n 块实际板的液相单板效率；

x_n，x_{n-1}——分别为第 n 块实际板和第（$n-1$）块实际板的液相组成，摩尔分率；

x_n^* ——与第 n 块实际板气相浓度相平衡的液相组成，摩尔分率。

$$E_{mv,n} = \frac{y_n - y_{n+1}}{y_n^* - y_{n+1}} \tag{7-6-3}$$

式中，$E_{mv,n}$ ——第 n 块实际板的气相单板效率；

y_n，y_{n+1}——分别为第 n 块实际板和第（$n+1$）块实际板的气相组成，摩尔分率；

y_n^* ——与第 n 块实际板液相浓度相平衡的气相组成，摩尔分率。

2. 填料塔。

填料塔属于连续接触逆流操作，液体靠重力沿填料表面下降，与上升的气体接触，从而实现传质，填料提供所需的传质面积（如图 7－6－1 所示）。填料充满塔内的有效空间，空间利用率很高。

图 7－6－1　填料塔传质机理

对于真空精馏和常压精馏，填料塔的效率较高，其原因在于填料充分利用了塔内空间，提供了大的传质面积，使得气液两相可以充分接触传质。一般新型高效填料都是通过提高比表面积来提高效率，但比表面积大，意味着使用的材料就越多，造价就越高。

塔的分离效果好坏可以从等板高度的值来判断，显然，等板高度愈小，说明填料层的传质分离效果愈好。

等板高度按下式计算：

$$HETP = \frac{H}{N_T - 1} \quad (7-6-4)$$

式中，N_T —— 理论塔板数；

H —— 填料层总高度。

7.6.4　实验装置与流程

（1）设备参数（表 7－6－1 和表 7－6－2）。

表 7－6－1　筛板塔有关参数

设备参数	塔板数	15
	塔径	50mm
	板间距	100mm
	开孔率	3.8%
仪表参数	回流流量计量程	6～60ml/min
	产品流量计量程	2.5～25ml/min
	进料流量计量程	0～10l/h
	加热功率（可调）	0～2kW

表 7－6－2　填料塔有关参数

设备参数	填料层总高度	1.5m
	提馏段高度	0.4m（下进料口为基准）
	精馏段高度	1.1m（下进料口为基准）
	填料比表面积	$250m^2/m^3$（玻璃）
	塔径	57mm
仪表参数	回流流量计量程	6～60ml/min
	产品流量计量程	2.5～25ml/min
	进料流量计量程	0～10l/h
	加热功率（可调）	0～2kW

（2）实验流程图。

筛板精馏塔实验装置流程如图 7－6－2 所示。筛板用不锈钢板制成，其有关参数如表 7－6－1所示。塔板为气、液两相进行接触的场所，操作中气、液两相在每层板上呈错流流动，但以整个塔而言，则上下呈逆流流动。

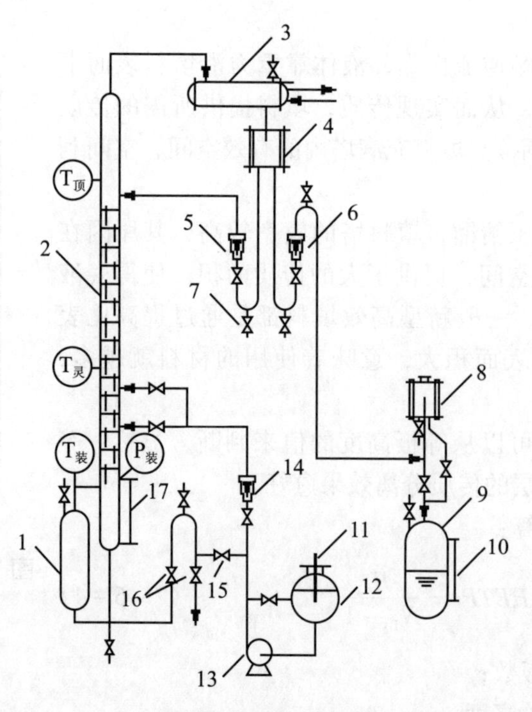

图 7-6-2　筛板精馏塔实验装置流程示意图

1-再沸器；2-筛板塔；3-冷凝器；4-塔顶产品收集器；5-回流流量计；6-产品流量计；7-塔顶取样阀；8、9-产品回收器；10、17-液位计；11-温度计；12-原料罐；13-加料泵；14-加料流量计；15-塔釜加料阀；16-塔底出料阀。

填料塔精馏实验装置流程如图 7-6-3 所示。填料塔的结构和特点为：填料塔由填料、塔内件及筒体构成。填料分规整填料和散堆填料两大类，塔内件则由不同形式的液体分布装置、填料固定装置和填料压紧装置、填料支承装置、液体收集装置与进料装置及气体分布装置等组成，筒体为整体式结构及法兰连接分段式结构。

填料是填料塔的核心部件，填料的作用是增加气液接触面积和增大气液接触面的湍动，填料性能评价指标有比表面积、空隙率、干填料因子等。填料塔的主要特点有：生产能力大、分离效率高、压降小、操作弹性大、持液量小。

实验室的两个填料塔，分别采用不锈钢弹簧填料和玻璃弹簧填料。其设备参数如表 7-6-2所示。

7.6.5　实验操作步骤及要点

筛板塔和填料塔的操作方法基本相同，现以筛板塔为例进行说明，填料塔操作中若有与筛板塔不同之处，将会在括号中注明。

(1) 在原料罐 12 内配制酒精度（20℃时）为 10°~30°（填料塔为 15°~20°）的料液，并由加料泵 13 和阀门 15、阀门 16 注入塔釜内，使液面高出液位计 17 的红色标记约 30mm 处。

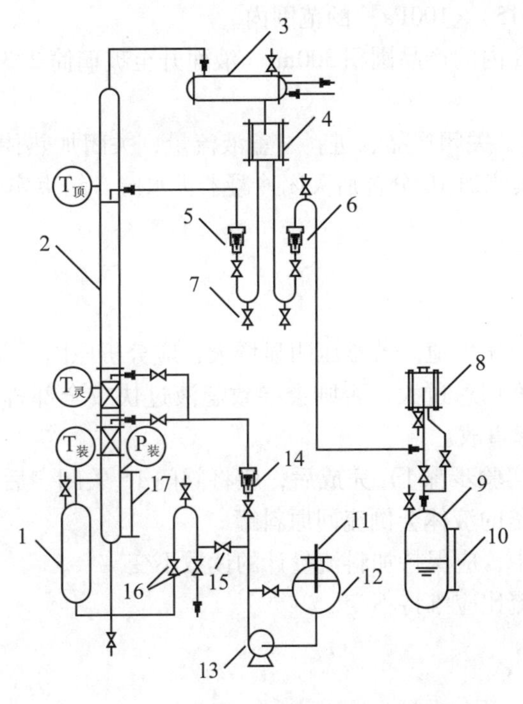

图 7-6-3 填料精馏塔实验装置流程

1-再沸器；2-填料塔；3-冷凝器；4-塔顶产品收集器；5-回流流量计；6-产品流量计；7-塔顶取样阀；8、9-产品回收器；10、17-液位计；11-温度计；12-原料罐；13-加料泵；14-加料流量计；15-塔釜加料阀；16-塔底出料阀。

（2）按下总电源按键，开启加热电源。为了加快釜液预热速度，先将加热电棒的电压调至额定电压220V（切勿超过220V），打开冷凝器进水阀。

（3）待塔釜温度升至90℃左右，应将加热棒电压调小至一合适值。为控制好全回流过程的蒸发量，灵敏板温度应恒定在78℃～83℃的某一温度上。

（4）待回流流量计5中的转子上升至最高点时，开始计时，10分钟（填料塔为30分钟）后分别对塔顶产品及塔底产品取样分析。

（5）按下加料泵电源按键，调节加料流量计14的流量。

（6）先调小回流流量计5的流量，再缓慢调节产品流量计6的流量，控制一定的回流比并保持其恒定，进行部分回流操作。

（7）将塔底出料阀16稍开一点，使釜液呈细线排出并使釜液的液面维持在或略高于红色标志线处不变。

（8）在部分回流操作过程中，应严格控制进料流量、回流比、釜液流量及灵敏板温度的恒定并观察塔内鼓泡现象是否正常。若发现塔顶产品收集器4中有积液现象，则应及时将回流流量与产品流量同步增大。例如，当回流比 $R=3$（$L=30\text{ml/min}$，$D=10\text{ml/min}$）时，发现塔顶产品收集器中有积液，此时应同步调大回流与产品的流量（例如变 $L=36\text{ml/min}$，$D=12\text{ml/min}$，或 $L=45\text{ml/min}$，$D=15\text{ml/min}$ 等，使其回流比均为3），在动态中维持回流比不变。过程积液会导致釜压增大，甚至造成产品“返混”。釜压应维持在（10～30）×

100Pa［填料塔为（10～15）×100Pa］的范围内。

（9）待产品回收器8内的产品囤积300ml（液面升至玻璃筒2/3处），可同时进行产品、料液、釜液的取样分析。

（10）全开回流流量，关闭产品、进料、釜液流量，关闭加热棒的加热电源，最后切断总电源并保持冷却水继续流通10分钟后关闭冷凝器进水阀。结束实验。

7.6.6 注意事项

（1）需密切观察塔釜压力值。若釜压明显增大，应分析原因并及时加以解决。

（2）塔底出料阀开度切忌过大，否则会导致釜液过快或全部排出，造成加热棒干烧而损坏设备，严重则会引起事故。

（3）在塔釜加料（实验步骤1）完成后，应将阀门15关闭。后续整个实验过程中都不能打开阀门15，否则塔釜的液体会倒流回原料罐。

（4）部分回流实验中，应保持加料流量计的读数不变。

（5）实验过程中回流比应维持不变。

7.6.7 思考题

（1）板式塔气液两相的流动特点是什么？

（2）塔板效率受哪些因素影响？

（3）精馏塔操作中，塔釜压力为什么是一个重要操作参数？塔釜压力与哪些因素有关？

（4）什么叫回流比？精馏中为什么要引入回流比？试说明回流的作用。如何根据实验装置情况，确定和控制回流比？

（5）操作中增加回流比的方法是什么？能否采用减少塔顶出料量D的方法？

（6）其他条件不变，只改变回流比，对塔性能会产生什么影响？

（7）进料位置是否可以任意选择？它对塔性能会产生什么影响？

（8）精馏塔在操作过程中，由于塔顶采出率太大而造成产品不合格，恢复正常的最快、最有效的方法是什么？

（9）本实验中，进料状况为冷进料，当进料量太大时，为什么会出现精馏段干板，甚至出现塔顶既没有回流也没有出料的现象？应如何调节？

（10）公式（7－6－1）和公式（7－6－3）中为什么理论板数N_T要减去1？

（11）为什么酒精－水系统精馏采用常压操作而不采用加压精馏或真空精馏？

（12）精馏塔的常压操作是怎样实现的？如果要改为加压或减压操作，又怎样实现？

（13）塔釜加热对精馏塔的操作参数有何影响？你认为塔釜加热量主要消耗在何处？有何节能措施？

7.6.8 实验报告的撰写

实验报告可按实验报告格式或小论文格式撰写。

(1) 实验报告格式。根据绪论中实验报告格式要求进行撰写，并按要求回答以上思考题。

(2) 小论文格式。根据绪论中小论文格式要求进行撰写，小论文题目可从以下几类中选择或自拟题目。

实验任务书 (1)

浓度对操作条件和分离能力的影响研究

对于一给定的精馏塔，冷液进料，由于前段工序的原因，使进料浓度发生了变化，直接影响着精馏操作。请你根据实验室的设备和物料，完成下列任务。

(1) 从理论上分析，对于已给定的精馏塔，当进料浓度发生变化时，若不改变操作条件，对塔顶和塔釜产品质量有何影响。

(2) 根据实验室现有条件，拟定改变进料浓度的方法，制订出实验方案（包括实验操作条件、实验操作方法和注意事项等）。

(3) 在全回流、稳定操作条件下，测定全塔理论塔板数、全塔效率或等板高度。

(4) 在某一回流比下连续精馏、稳定操作条件下，测定全塔理论塔板数、单板效率、全塔效率或等板高度。

(5) 改变进料浓度，测定全塔理论塔板数、单板效率、全塔效率或等板高度。

(6) 根据实验结果，探讨进料浓度变化对全塔效率和单板效率的影响，以及在进料浓度发生变化时，若要保证塔顶和塔釜产品的质量，可采取的措施。

实验任务书 (2)

回流比对操作条件和分离能力的影响研究

对于一给定的精馏塔，回流比是一个对产品质量和产量有重大影响而又便于调节的参数。请你根据实验室提供的设备和物料，完成下列实验任务。

(1) 从理论上分析，对于已给定的精馏塔，回流比的改变对精馏操作和分离能力的影响。

(2) 根据实验室现有条件，拟定改变回流比的方法，制订出实验方案（包括实验操作条件、实验操作方法和注意事项等）。

(3) 在全回流、稳定操作条件下，测定全塔理论塔板数、全塔效率或等板高度。

(4) 在某一回流比下连续精馏、稳定操作条件下，测定全塔理论塔板数、单板效率、全塔效率或等板高度。

(5) 改变回流比，测定全塔理论塔板数、单板效率、全塔效率或等板高度。

(6) 探讨不同回流比对全塔效率和单板效率的影响，以及不同回流比时浓度曲线分布有何不同。

(7) 确定其中一组操作条件下的最小回流比，并计算最小回流比与实际回流比的关系。

实验任务书（3）
进料位置对操作条件和分离能力的影响研究

最适宜进料板的位置是指在相同的理论板数和同样的操作条件下，具有最大分离能力的进料板位置，或在同一操作条件下所需理论板数最少的进料板位置。

在化学工业中，多数精馏塔都设有两个以上的进料板，调节进料板的位置是以进料组分发生变化为依据的。请你根据实验室提供的设备和物料，完成下列实验任务。

(1) 从理论上分析，改变进料位置对精馏操作和分离能力的影响。

(2) 根据实验室现有条件，拟定改变进料位置的方法，制订出实验方案（包括实验操作条件、实验操作方法和注意事项等）。

(3) 在全回流、稳定操作条件下，测定全塔理论塔板数、全塔效率或等板高度。

(4) 在某一回流比下连续精馏、稳定操作条件下，测定全塔理论塔板数、单板效率、全塔效率或等板高度。

(5) 改变进料位置，测定全塔理论塔板数、单板效率、全塔效率或等板高度。

(6) 探讨不同进料位置对全塔效率和单板效率的影响。不同进料位置的浓度曲线分布有何不同。

(7) 在本实验的进料浓度下，你认为最佳进料位置应该在哪里？

7.7 实验七 干燥实验

在化学工业中，常常需要从湿的固体物料中除去湿分，即去湿。干燥是利用热能去湿的单元操作，热能可以以对流、传导、辐射等形式传递给固体物料，干燥设备有流化床干燥器、盘架式干燥器等。本干燥实验装置为洞道式干燥器，洞道式干燥器的结构多样，操作较简单，适合用于物料连续长时间的干燥，尤其在砖瓦、木材、皮革等干燥中广泛应用。

7.7.1 实验目的

(1) 了解洞道式循环干燥器的结构、基本流程和操作方法。

(2) 掌握物料干燥速率曲线的测定方法及其在工业干燥器的设计与操作中的应用。

(3) 掌握影响干燥速率的主要因素以及强化干燥速率的途径。

7.7.2 实验基本原理

干燥是利用热量去湿的一种方法，它不仅涉及气、固两相间的传热与传质，而且涉及湿分以气态或液态的形式自物料内部向表面传质的机理。由于物料的含水性质和物料形状结构的差异，水分传递速率的大小差别很大；概括起来，它受到物料性质、结构及其含水性质，干燥介质的状态（如温度、湿度）、流速、干燥介质与湿物料接触方式等各种因素的影响。目前对干燥机理的研究尚不够充分，干燥速率的数据还主要通过实验测定。

在恒定干燥条件下，即干燥介质湿空气的温度、湿度、流速及湿空气与湿物料的接触方式恒定不变，将湿物料置于干燥介质中测定被干燥湿物料的质量和温度随时间的变化关系，则得图 7－7－1 所示的干燥曲线，即物料含水量—时间曲线和物料温度—时间曲线。干燥过程分为三个阶段：①物料预热阶段；②恒速干燥阶段；③降速阶段（加热阶段）。恒速干燥阶段与降速阶段交点处的含水量称为物料的临界含水量 X_0。图中 AB 段处于预热阶段，空气中部分热量用来预热物料，故物料含水量和温度均随时间变化不大（即 $dX/d\tau$ 较小）。在随后的第二阶段 BC，由于物料表面存在足够的自由水分使物料表面保持湿润状态，所以物料表面温度恒定于空气的湿球温度 t_w，湿空气传给物料的热量只用于蒸发物料表面的水分，物料含水量随时间成比例减少，干燥速率恒定且较大（即 $dX/d\tau$ 较大）。随着水分不断的干燥汽化进入空气，物料中含水量减少到某一临界含水量 X_0 时，由于物料内部水分的扩散慢于物料表面的蒸发，不足以维持物料表面保持润湿，则物料表面将形成“干区”，干燥过程将进入第三阶段，干燥速率开始降低，含水量越小，速率越慢，干燥曲线 CD 逐渐趋于平衡含水量 X^* 而终止。在降速阶段，随着水分汽化量的减少，湿空气传给物料的显热较水分汽化所需的潜热多，热空气传给物料多余的热量则使物料加热升温。图 7－7－1 中物料含水量曲线对时间的斜率就是干燥速率 u，若干燥速率 u 对物料含水量进行标绘可得图 7－7－2 所示的干燥速率曲线。干燥速率曲线只能通过实验测得，因为干燥速率不仅取决于空气的性质和操作条件，而且还受物料性质、结构及所含水分性质的影响。

干燥速率为单位时间、单位干燥面积上汽化的水分质量，用微分式表示为：

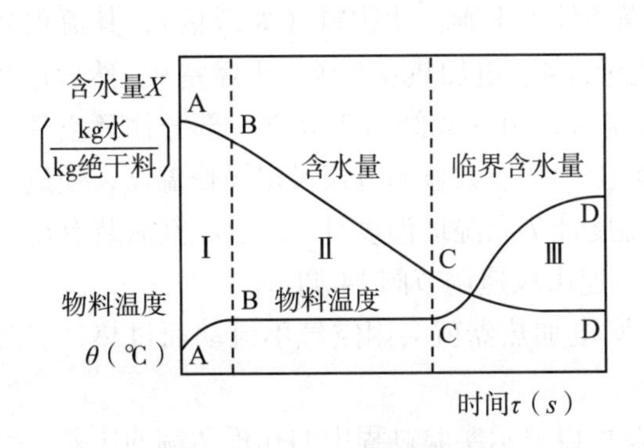

图 7－7－1 干燥曲线

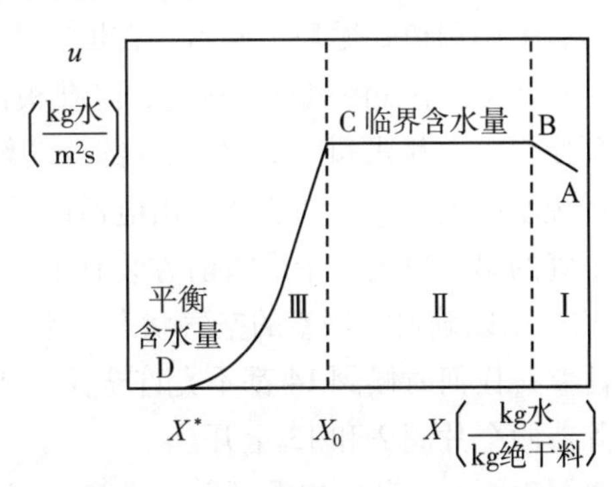

图 7－7－2 干燥速率曲线

$$u = \frac{dw}{Ad\tau} \tag{7-7-1}$$

式中，u ——干燥速率，kg/（$m^2 \cdot s$）；

A ——干燥表面，m^2；

$d\tau$ ——相应的干燥时间，s；

dw——汽化的水分量，kg。

因为 $dw = -G_C dX$，并且当各数据点的时间间隔不大时，$\frac{dX}{d\tau}$可以用增量之比$\frac{\Delta X}{\Delta\tau}$来代替，故式（7-7-1）可改写为：

$$u = \frac{dw}{Ad\tau} = -\frac{G_C dX}{Ad\tau} = -\frac{G_C \Delta X}{A\Delta\tau} \tag{7-7-2}$$

式中，G_C ——湿物料中绝干物料的质量，kg；

X ——湿物料干基含水量，kg 水/kg 绝干料。

负号表示物料含水量随干燥时间的增加而减少。

$$-G_C \Delta X = G_C\left(\frac{G_{s(i)} - G_C}{G_C} - \frac{G_{s(i+1)} - G_C}{G_C}\right) = G_{s(i)} - G_{s(i+1)} \tag{7-7-3}$$

式中，$G_{s(i)}$、$G_{s(i+1)}$——分别为 $\Delta\tau$ 时间间隔内开始和终了时湿物料的质量，kg。

图 7-7-2 中的横坐标 X 应为 $\Delta\tau$ 时间间隔内物料的平均含水量。

$$\bar{X} = \frac{X_i + X_{i+1}}{2} = \left(\frac{G_{s(i)} + G_{s(i+1)}}{2G_C}\right) - 1 \tag{7-7-4}$$

以 u 为纵坐标，平均含水量 $\bar{X}$ 为横坐标，即可绘出干燥速率曲线。

7.7.3 实验装置与流程

实验采用洞道式循环干燥器，在恒定干燥条件下干燥块状物料（如纸板），其流程如图 7-7-3 所示。空气由风机 1 输送，经孔板流量计 4、电加热器 5 送入干燥室 9，然后返回风机循环使用。由片式阀门 13 补充一部分新鲜空气，由片式阀门 2 放空一部分循环空气，以保持系统湿度恒定。电加热器 5 由电器面板 6 上的智能数显调节仪设定操作温度，使进入干燥室空气的温度恒定。干燥室前方装有干球温度计 7 和湿球温度计 8，干燥室后装有出口温度计 12，用以确定干燥室的空气状态。空气流速由风速调节阀 14 调节。

注意：任何时候阀 14 都不允许全关，否则电加热器就会因空气不流动而过热，引起损坏。除非两个片阀 2 和 13 全开。

电器面板 6 上装有电源开关、电流表以及可以显示实验过程中的孔板两端的压差、空气湿球温度、干燥室前、后及孔板流量计入口的空气温度。

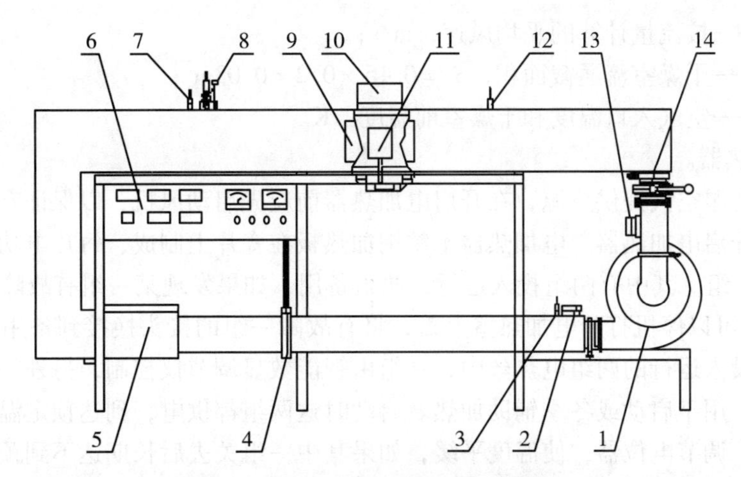

图 7-7-3　干燥实验流程示意图

1-风机；2-片式阀门（排出空气）；3-入口温度计；4-孔板流量计；5-电加热器；6-电器面板；7-干球温度计（干燥室入口温度）；8-湿球湿度计；9-干燥室；10-电子天平；11-试样架；12-出口温度计（干燥室出口温度）；13-片式阀门（吸入空气）；14-风速调节阀。

7.7.4　主要设备、仪器

（1）风机。

湿空气输送风机为 YSF7122 型。

（2）孔板流量计。

洞道式干燥器中空气流量采用孔板流量计计量，其体积流量可按下式计算：

$$Vs = 0.003544\sqrt{R/\rho} \tag{7-7-5}$$

式中，Vs——流经孔板的空气体积流量，m^3/s；

R——压差计示值，Pa；

ρ——流经孔板的空气密度，kg/m^3，状态和 Vs 状态相同。

流经孔板的空气体积流量与孔板处压力（表压约 544Pa）和空气入口温度有关，故其密度可由下式计算：

$$\rho = 1.293[103360/(103360+544)](273/T) = 351.1/T \tag{7-7-6}$$

式中，T——空气入口温度，K。

干燥室中空气的流速是影响干燥速率的重要参数，本装置设计最大风速为 2.8m/s。干燥室中空气的风速可以采用热球式风速仪对干燥室中区（悬挂试样的区域）进行测定。如果孔板流量计的压差示值 $R \geqslant 300$Pa，平均风速也可按下式计算：

$$U = \frac{Vs}{S_2}\frac{T_1}{T} \tag{7-7-7}$$

式中，U ——按流量计算的平均风速，m/s；

S_2 ——干燥室流通截面积，$S_2 = 0.15 \times 0.2 = 0.03\text{m}^2$；

T、T_1——空气入口温度和干燥室前温度，K。

（3）电加热器。

电加热器为湿空气提供热源，在开启电加热器前应先启动风机，以保证有空气通过加热室，而后才能开启电加热器。电加热器不锈钢加热板在瓷片上制成，每片电功率约1000瓦，共4件，组成4组。其中有两组投入运行，两组备用，如果发现某一组有故障（这时该组的电流表不动），可以停机打开电加热室上盖，将有故障一组的接头换接到备用组的接头上即可继续运行。投入运行的两组电热丝中，一组由智能数显调节仪控制，另外一组通过组合开关由手动控制，用于启动或冬季辅助加热。启动时这两组都供电，到达预定温度时根据当时情况关去一组，调节电位器，使温度平缓，如果其中一组关去后长期达不到预置的控制温度（欠温失控）应重开这一组。相反如果超温失控，则应关去其中一组。

（4）温度控制。

为实现恒定干燥条件下测定干燥速率曲线，干燥系统温度需维持恒定，因此，干燥器采用一套双三位智能数显调节仪来直观操作控制干燥室进口温度。温控系统的操作方法如下。

① 熟悉数显调节仪操作步骤后，依次开启电源总开关（空气开关）、仪表电源开关和风机开关。

② 在调节仪显示面板上设定实验所需的温度值。

③ 开启两组加热器（主加热器和辅助加热器）。实验设备启动初期，在温度到达设定温度时应注意监视，看情况开、关加热按钮或调节电位器使系统温度稳定。当温度稳定后让系统自行运行。

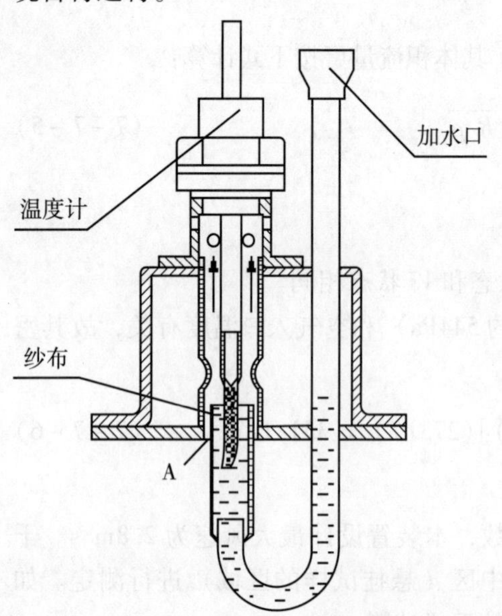

图7－7－4　湿球湿度计

（5）湿球温度计。

干燥系统中湿空气的湿度可通过干球温度和湿球温度确定，而湿球温度则可由图7－7－4所示的湿球温度计测定。为了减小辐射和传导传热对湿球温度计的影响，要求被测的介质以较高的流速流过湿度计的感温泡，使介质对湿度计有较强的对流换热。本装置是利用干燥室内的正压，使空气按图7－7－4中箭头方向向外排出，以获得较高流速，同时湿气往外排出也可避免系统内湿度增加。

湿球温度计安装前应检查图7－7－4中A处是否畅通；水从喇叭口加入，注意加至刚到U形管下端顶部为止，不要过多，以避免流入风道内。实验过程，视蒸发情况，中途加水一两次确保湿球温度计正常工作。

7.7.5 实验操作步骤及要点

（1）实验前量取试样尺寸（长、宽、高）确定干燥面积，并称量绝干试样的质量。

（2）将已知绝干质量的试样放入水中浸泡片刻，让水分均匀扩散至整个试样，然后取出称取湿试样质量。

（3）检查电子天平是否灵活，并复零位。

（4）往湿球温度计内加入适量的水。

（5）依次开启电源总开关、仪表电源和风机开关，适当打开片阀 2 和片阀 13，调节风速调节阀 14 至预定风速值。

（6）在干球温度显示面板上设定实验所需的温度值，按下主加热器和辅助加热器开关，开始加热；待温度接近预定温度时，视情况增减辅助加热器，直至温度控制稳定后，让系统温控自动运行。

（7）待空气状态稳定后，打开干燥室门，将湿试样放到支架上，关好干燥室的门；记录湿试样重量初始值，同时启动第 1 只秒表（实验用 2 只秒表）。

（8）待水分失去 3g 后，停第一只秒表，与此同时开动第 2 只秒表，记下干燥时间；以后每失去 3g 水，均记下其干燥时间；如此反复进行，直至试样接近平衡水分为止。

（9）实验结束，先关电加热器，使系统冷却后再关风机，卸下试样，并收拾整理现场。

7.7.6 思考题

（1）测定干燥速率曲线有何意义？它对设计干燥器及指导生产有些什么帮助？

（2）何谓对流干燥？干燥介质在对流干燥过程中的作用是什么？

（3）为什么说干燥过程是一个传热和传质过程？

（4）什么是临界含水量？简述干燥中的临界含水量受哪些因素的影响？

（5）为什么在操作中要先开鼓风机送气，而后再开电加热器？

（6）测定湿球温度时，若水的初始温度不同，对测定的结果是否有影响？为什么？

（7）在 70℃ ~ 80℃ 的空气流中干燥，并经过相当长的时间，能否得到绝干物料？为什么？

（8）试分析恒速干燥阶段与降速干燥阶段的干燥机理。

（9）有一些物料在热气流中干燥，希望热气流相对湿度要小，而有一些物料则要在相对湿度较大些的热气流中干燥，这是为什么？

（10）使用废气循环对干燥有什么好处？干燥热敏性物料或易变形、开裂的物料为什么多使用废气循环？

（11）恒定干燥条件是什么？请结合干燥速率 $U = \frac{\alpha}{r_w}(t - t_w)$ 说明为什么在恒定干燥条件下恒速干燥阶段的干燥速率为常数。

（12）本实验若需测定干燥效率时，需增添什么仪器、仪表即可实现？

（13）影响干燥速率的因素有哪些？若要提高干燥强度，应采取哪些措施（结合本实验装置进行考虑）？

7.7.7 实验报告的撰写

实验报告可按实验报告格式或小论文格式撰写。

（1）实验报告格式。根据绪论中实验报告格式要求进行撰写，并按要求回答以上思考题。

（2）小论文格式。根据绪论中小论文格式要求进行撰写，小论文题目可从以下几类中选择或自拟题目。

实验任务书（1）

干燥条件对干燥特性曲线的影响研究

利用实验室洞道式干燥器，完成湿含量、干燥面积、绝干质量一定的纸浆板在不同干燥条件下的恒定干燥速率的比较实验，进行不同干燥条件对干燥特性曲线的影响研究。主要研究任务包括：

① 在相同介质流速、不同介质温度（两种温度）下，测定恒定干燥速率曲线。

② 在相同介质温度、不同介质流速（两种流速）下，测定恒定干燥速率曲线。

③ 改变纸浆板厚度，在一定的介质温度、介质流速下，测定恒定干燥速率曲线。

④ 每个实验小组选择其中一个实验条件，并综合 4 组的实验结果，将 4 条恒定干燥速率曲线标绘在同一直角坐标纸上。

⑤ 根据实验结果（图、表）探讨不同干燥条件下，对恒速干燥速率、降速干燥速率以及临界湿含量和平衡湿含量等干燥特性参数的影响，以及测定干燥速率曲线的工程意义。

实验任务书（2）

恒定干燥条件下干燥时间的确定

某造纸厂欲在洞道干燥器中干燥每批质量为200kg 的纸浆板，湿含量由 1.76［kg 水/kg 绝干］干燥至 0.22［kg 水/kg 绝干］，干燥表面积为 0.025［m^2/kg 绝干］。经生产现场测定，洞道中的气速为2.6m/s，温度为75℃。实验室现有该纸浆板的试样，试利用小型洞道干燥器及其他相关测试仪器仪表，测定该物料的恒定干燥特性参数以确定生产中每批纸浆板停留在洞道中所需要的时间。主要研究任务及要求如下：

① 制订出实验方案，包括实验设计思路、所需的仪器仪表、操作步骤等。

② 利用实验所测数据，用公式、图表等说明你如何确定干燥时间。

③ 对实验结果进行讨论。

附录 1

液体比重天平使用说明

精馏实验过程中乙醇溶液的比重是利用 PZ－A－5 液体比重天平测量的，以下简单介绍它的原理和使用方法。

（1）测量原理：PZ－A－5 液体比重天平有一个标准体积（$5cm^3$）与重量的测锤，浸没于液体之中获得浮力而使横梁失去平衡，然后在横梁的 V 形槽里放置相应重量的骑码，使横梁恢复平衡，从而能迅速测得液体比重。PZ－A－5 液体比重天平结构如附图 1－1 所示。

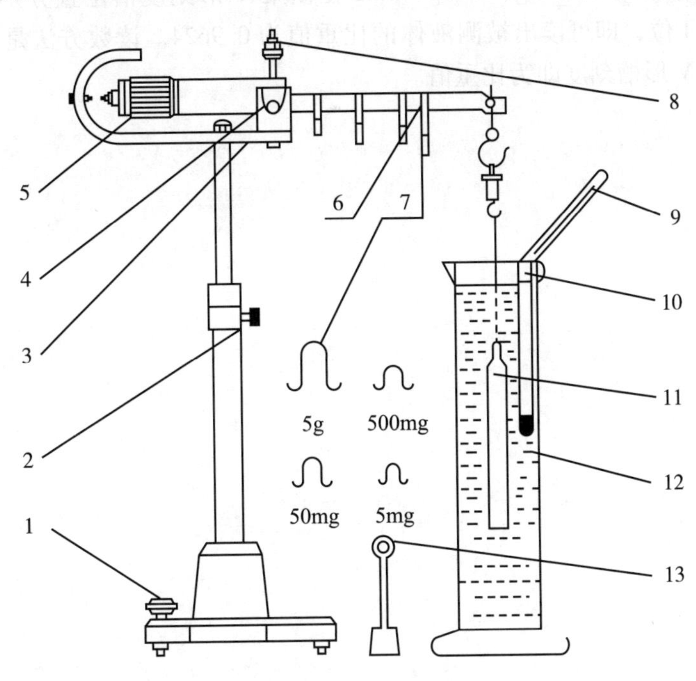

附图 1－1　PZ－A－5 液体比重天平

1－水平调节螺钉；2－支柱紧固螺钉；3－托架；4－玛瑙刀座；5－平衡调节器；6－横梁；7－骑码（4 只）；8－重心调节器；9－温度计；10－温度计夹；11－测锤；12－玻璃量筒；13－等重砝码。

（2）使用方法：先将测锤 11 和玻璃量筒 12 用纯水或酒精洗净并晾干或擦干，再将支柱紧固螺钉 2 旋松，把托架 3 升到适当位置，把横梁 6 置于托架之玛瑙刀座 4 上，将等重砝码 13 挂于横梁右端小钩上。调整水平调节螺钉 1，使横梁与支架指针尖成水平，以示平衡。如无法调节平衡时，将平衡调节器 5 上的小螺钉松开，然后略微转动平衡调节器直到平衡为止。将等重砝码取下，换上测锤。如果天平灵敏度太高，则将重心调节器 8 旋低，反之旋高，一般不必动重心调节器。将待测液体倒入玻璃筒内，将测锤浸入待测液体中央。由于液体浮力使横梁失去平衡，在横梁V形刻度槽与小钩上加放各种骑码使之平衡。在横梁上骑码的总和即为测得液体之比重数值。读数方法可参照附表1－1。

附表1－1　　比重读取方法

放在小钩上与V形槽上砝码重	5g	500mg	50mg	5mg
V形槽第10位代表数	1	0. 1	0. 01	0. 001
V形槽第9位代表数	0. 9	0. 09	0. 009	0. 0009
V形槽第8位代表数	0. 8	0. 08	0. 008	0. 0008
……	…	…	…	…

例如，所加骑码5g、500mg、50mg、5mg在横梁V形刻度槽位置分别为第9位、第6位、第2位和第4位，即可读出被测液体的比重值为0. 9624。读数方法是按骑码从大到小的顺序，读出的V形槽刻度即为比重值。

附录 2

F 分布数值表

1. $\alpha = 0.25$

f_2 \ f_1	1	2	3	4	5	6	7	8	9	10	12	15	20	60	∞
1	5.83	7.56	8.20	8.58	8.82	8.98	9.10	9.19	9.26	9.32	9.41	9.49	9.58	9.76	9.85
2	2.57	3.00	3.15	3.23	3.28	3.31	3.34	3.35	3.37	3.38	3.39	3.41	3.43	3.46	3.48
2	2.02	2.28	2.36	2.39	2.41	2.42	2.43	2.44	2.44	2.44	2.45	2.46	2.46	2.47	2.47
4	1.81	2.00	2.05	2.06	2.07	2.08	2.08	2.08	2.08	2.08	2.08	2.08	2.08	2.08	2.08
5	1.69	1.85	1.88	1.89	1.89	1.89	1.89	1.89	1.89	1.89	1.89	1.89	1.88	1.87	1.87
6	1.62	1.76	1.78	1.79	1.79	1.78	1.78	1.78	1.77	1.77	1.77	1.76	1.76	1.74	1.74
7	1.57	1.70	1.72	1.72	1.71	1.71	1.70	1.70	1.69	1.69	1.68	1.68	1.67	1.65	1.65
8	1.54	1.66	1.67	1.66	1.66	1.65	1.64	1.64	1.64	1.63	1.62	1.62	1.61	1.59	1.58
9	1.51	1.62	1.63	1.63	1.62	1.61	1.60	1.60	1.59	1.59	1.58	1.57	1.56	1.54	1.53
10	1.49	1.60	1.60	1.59	1.59	1.58	1.57	1.56	1.56	1.55	1.54	1.53	1.52	1.50	1.48
11	1.47	1.58	1.58	1.57	1.56	1.55	1.54	1.53	1.53	1.52	1.51	1.50	1.49	1.47	1.45
12	1.46	1.56	1.56	1.55	1.54	1.53	1.52	1.51	1.51	1.50	1.49	1.48	1.47	1.44	1.42
13	1.45	1.55	1.55	1.53	1.52	1.51	1.50	1.49	1.49	1.48	1.47	1.46	1.45	1.42	1.40
14	1.44	1.53	1.53	1.52	1.51	1.50	1.49	1.48	1.47	1.46	1.45	1.44	1.43	1.40	1.38
15	1.43	1.52	1.52	1.51	1.49	1.48	1.47	1.46	1.46	1.45	1.44	1.43	1.41	1.38	1.36
16	1.42	1.51	1.51	1.50	1.48	1.47	1.46	1.45	1.44	1.44	1.43	1.41	1.40	1.36	1.34
17	1.42	1.51	1.50	1.49	1.47	1.46	1.45	1.44	1.43	1.43	1.41	1.40	1.39	1.35	1.33
18	1.41	1.50	1.49	1.48	1.46	1.45	1.44	1.43	1.42	1.42	1.40	1.39	1.38	1.34	1.32
19	1.41	1.49	1.49	1.47	1.46	1.44	1.43	1.42	1.41	1.41	1.40	1.38	1.37	1.33	1.30
20	1.40	1.49	1.48	1.47	1.45	1.44	1.43	1.42	1.41	1.40	1.39	1.37	1.36	1.32	1.29
21	1.40	1.48	1.48	1.46	1.44	1.43	1.42	1.41	1.40	1.39	1.38	1.37	1.35	1.31	1.28
22	1.40	1.48	1.47	1.45	1.44	1.42	1.41	1.40	1.39	1.39	1.37	1.36	1.34	1.30	1.28
23	1.39	1.47	1.47	1.45	1.43	1.42	1.41	1.40	1.39	1.38	1.37	1.35	1.34	1.30	1.27
24	1.39	1.47	1.46	1.44	1.43	1.41	1.40	1.39	1.38	1.38	1.36	1.35	1.33	1.29	1.26
25	1.39	1.47	1.46	1.44	1.42	1.41	1.40	1.39	1.38	1.37	1.36	1.34	1.33	1.28	1.25
30	1.38	1.45	1.44	1.42	1.41	1.39	1.38	1.37	1.36	1.35	1.34	1.32	1.30	1.26	1.23
40	1.36	1.44	1.42	1.40	1.39	1.37	1.36	1.35	1.34	1.33	1.31	1.30	1.28	1.22	1.19
60	1.35	1.42	1.41	1.38	1.37	1.35	1.33	1.32	1.31	1.30	1.29	1.27	1.25	1.19	1.15
120	1.34	1.40	1.39	1.37	1.35	1.33	1.31	1.30	1.29	1.28	1.26	1.24	1.22	1.16	1.10
∞	1.32	1.39	1.37	1.35	1.33	1.31	1.29	1.28	1.27	1.25	1.24	1.22	1.19	1.12	1.00

2. $\alpha=0.10$

f_2 \ f_1	1	2	3	4	5	6	7	8	9	10	12	15	20	60	∞
1	39.9	49.6	53.6	55.8	57.2	58.2	59.9	59.4	59.9	60.2	60.7	61.2	61.7	62.8	63.3
2	8.53	9.00	9.16	9.24	9.29	9.33	9.35	9.37	9.38	9.39	9.41	9.42	9.44	9.47	9.49
3	5.54	5.46	5.39	5.34	5.31	5.28	5.27	5.25	5.24	5.23	5.22	5.20	5.18	5.15	5.13
4	4.54	4.32	4.19	4.11	4.05	4.01	3.98	3.95	3.94	3.92	3.90	3.87	3.84	3.79	3.76
5	4.06	3.78	3.62	3.52	3.45	3.40	3.37	3.34	3.32	3.30	3.27	3.24	3.21	3.14	3.10
6	3.78	3.46	3.29	3.18	3.11	3.05	3.01	2.98	2.96	2.94	2.90	2.87	2.84	2.76	2.72
7	3.59	3.26	3.07	2.96	2.88	2.83	2.78	2.75	2.72	2.70	2.67	2.63	2.59	2.51	2.47
8	3.46	3.11	2.92	2.81	2.73	2.67	2.62	2.59	2.56	2.54	2.50	2.46	2.42	2.34	2.29
9	3.36	3.01	2.81	2.69	2.61	2.55	2.51	2.47	2.44	2.42	2.33	2.34	2.30	2.21	2.16
10	3.28	2.92	2.73	2.61	2.52	2.46	2.41	2.38	2.35	2.32	2.28	2.24	2.20	2.11	2.06
11	3.23	2.86	2.66	2.54	2.45	2.39	2.34	2.30	2.27	2.25	2.21	2.17	2.12	2.03	1.97
12	3.18	2.81	2.61	2.48	2.39	2.33	2.28	2.24	2.21	2.19	2.15	2.10	2.06	1.96	1.90
13	3.14	2.76	2.56	2.43	2.35	2.28	2.23	2.20	2.16	2.14	2.10	2.95	2.01	1.90	1.85
14	3.10	2.73	2.52	2.39	2.31	2.24	2.19	2.15	2.12	2.10	2.05	2.01	1.96	1.86	1.80
15	3.07	2.70	2.49	2.36	2.27	2.21	2.16	2.12	2.09	2.06	2.02	1.97	1.92	1.82	1.76
16	3.05	2.67	2.46	2.33	2.24	2.18	2.13	2.09	2.08	2.03	1.99	1.94	1.89	1.78	1.72
17	3.03	2.64	2.44	2.31	2.22	2.15	2.10	2.06	2.03	2.00	1.96	1.91	1.86	1.75	1.69
18	3.01	2.62	2.42	2.29	2.20	2.13	2.08	2.04	2.00	1.98	1.93	1.89	1.84	1.72	1.66
19	2.99	2.61	2.40	2.27	2.18	2.11	2.06	2.02	1.98	1.96	1.91	1.86	1.81	1.70	1.63
20	2.97	2.59	2.38	2.25	2.16	2.00	2.04	2.00	1.96	1.94	1.89	1.84	1.79	1.68	1.61
21	2.96	2.57	2.36	2.23	2.14	2.08	2.02	1.98	1.95	1.92	1.87	1.83	1.78	1.66	1.59
22	2.95	2.56	2.35	2.22	2.13	2.06	2.01	1.97	1.93	1.90	1.86	1.81	1.76	1.64	1.57
23	2.94	2.55	2.34	2.21	2.11	2.05	1.99	1.95	1.92	1.89	1.84	1.80	1.74	1.62	1.55
24	2.93	2.54	2.33	2.19	2.10	2.04	1.98	1.94	1.91	1.88	1.83	1.78	1.73	1.61	1.53
25	2.92	2.53	2.32	2.18	2.09	2.02	1.97	1.93	1.89	1.87	1.82	1.77	1.72	1.59	1.52
30	2.88	2.49	2.28	2.14	2.05	1.98	1.93	1.88	1.85	1.82	1.77	1.72	1.67	1.54	1.46
40	2.84	2.44	2.23	2.09	2.00	1.93	1.87	1.83	1.79	1.76	1.71	1.66	1.61	1.47	1.38
60	2.79	2.39	2.18	2.04	1.95	1.87	1.82	1.77	1.74	1.71	1.66	1.60	1.54	1.40	1.29
120	2.75	2.35	2.13	1.99	1.90	1.82	1.77	1.72	1.68	1.65	1.60	1.55	1.48	1.32	1.19
∞	2.71	2.30	2.08	1.94	1.85	1.77	1.72	1.67	1.63	1.60	1.55	1.49	1.42	1.24	1.00

3. $\alpha=0.05$

f_2 \ f_1	1	2	3	4	5	6	7	8	9	10	12	15	20	60	∞
1	161.4	199.5	215.7	224.6	230.2	234.0	236.9	238.9	240.5	241.9	243.9	245.9	248.0	252.2	254.3
2	18.51	19.00	19.16	19.25	19.30	19.33	19.35	19.37	19.38	19.40	19.41	19.43	19.45	19.48	19.50
2	10.13	9.55	9.28	9.12	9.01	8.94	8.89	8.85	8.81	8.79	8.74	8.70	8.66	8.57	8.53
4	7.71	6.94	6.59	6.39	6.26	6.16	6.09	6.04	6.00	5.96	5.91	5.86	5.80	5.69	5.65
5	6.61	5.79	5.41	5.19	5.05	4.95	4.88	4.82	4.77	4.74	4.68	4.62	4.56	4.43	4.36
6	5.99	5.14	4.76	4.53	4.39	4.28	4.21	4.15	4.10	4.06	4.00	3.94	3.87	3.74	3.67
7	5.59	4.74	4.35	4.12	3.97	3.87	3.79	3.73	3.68	3.64	3.57	3.51	3.44	3.30	3.23
8	5.32	4.46	4.07	3.84	3.69	3.58	3.50	3.44	3.39	3.35	3.28	3.22	3.15	3.01	2.93
9	5.12	4.26	3.86	3.63	3.48	3.37	3.29	3.23	3.18	3.14	3.07	3.01	2.94	2.79	2.71
10	4.96	4.10	3.71	3.48	3.33	3.22	3.14	3.07	3.02	2.98	2.91	2.85	2.77	2.62	2.54
11	4.84	3.98	3.59	3.36	3.20	3.09	3.01	2.95	2.90	2.85	2.79	2.72	2.65	2.49	2.40
12	4.75	3.89	3.49	3.26	3.11	3.00	2.91	2.85	2.80	2.75	2.69	2.62	2.54	2.38	2.30
13	4.67	3.81	3.41	3.18	3.03	2.92	2.83	2.77	2.71	2.67	2.60	2.53	2.46	2.30	2.21
14	4.60	3.74	3.34	3.11	2.96	2.85	2.76	2.70	2.65	2.60	2.53	2.46	2.39	2.22	2.13
15	4.54	3.68	3.29	3.06	2.90	2.79	2.71	2.64	2.59	2.54	2.48	2.40	2.33	2.16	2.07
16	4.49	3.63	3.24	3.01	2.85	2.74	2.66	2.59	2.54	2.49	2.42	2.35	2.28	2.11	2.01
17	4.45	3.59	3.20	2.96	2.81	2.70	2.61	2.55	2.49	2.45	2.38	2.31	2.23	2.06	1.96
18	4.41	3.55	3.16	2.93	2.77	2.66	2.58	2.51	2.46	2.41	2.34	2.27	2.19	2.02	1.92
19	4.38	3.52	3.13	2.90	2.74	2.63	2.54	2.48	2.42	2.38	2.31	2.23	2.16	1.98	1.88
20	4.35	3.49	3.10	2.87	2.71	2.60	2.51	2.45	2.39	2.35	2.28	2.20	2.12	1.95	1.84
21	4.32	3.47	3.07	2.84	2.68	2.57	2.49	2.42	2.37	2.32	2.25	2.18	2.10	1.92	1.81
22	4.30	3.44	3.05	2.82	2.66	2.55	2.46	2.40	2.34	2.30	2.23	2.15	2.07	1.89	1.78
23	4.28	3.42	3.03	2.80	2.64	2.53	2.44	2.37	2.32	2.27	2.20	2.13	2.05	1.86	1.76
24	4.26	3.40	3.01	2.78	2.62	2.51	2.42	2.36	2.30	2.25	2.18	2.11	2.03	1.84	1.73
25	4.24	3.39	2.99	2.76	2.60	2.49	2.40	2.24	2.28	2.24	2.16	2.09	2.01	1.82	1.71
30	4.17	3.32	2.92	2.69	2.53	2.42	2.33	2.27	2.21	2.16	2.09	2.01	1.93	1.74	1.62
40	4.08	3.23	2.84	2.61	2.45	2.34	2.25	2.18	2.12	2.08	2.00	1.92	1.84	1.64	1.51
60	4.00	3.15	2.76	2.53	2.37	2.25	2.17	2.10	2.04	1.99	1.92	1.84	1.75	1.53	1.39
120	3.92	3.07	2.68	2.45	2.29	2.17	2.09	2.02	1.96	1.91	1.83	1.75	1.66	1.43	1.25
∞	3.84	3.00	2.60	2.37	2.21	2.10	2.01	1.94	1.88	1.83	1.75	1.67	1.57	1.32	1.00

4. $\alpha = 0.01$

f_2 \ f_1	1	2	3	4	5	6	7	8	9	10	12	15	20	60	∞
1	4052	4999. 5	5403	5625	5764	5859	5928	5928	6022	6056	6106	6157	6209	6313	6366
2	98. 50	99. 00	99. 17	99. 25	99. 30	99. 33	99. 36	99. 37	99. 39	99. 40	99. 42	99. 43	99. 45	99. 48	99. 50
2	34. 12	30. 82	29. 46	28. 71	28. 24	27. 91	27. 67	27. 49	27. 35	27. 23	27. 05	26. 87	26. 69	26. 32	26. 13
4	21. 20	18. 00	16. 99	15. 98	15. 52	15. 21	14. 98	14. 80	14. 66	14. 55	14. 37	14. 20	14. 02	13. 65	13. 46
5	16. 26	13. 27	12. 06	11. 39	10. 97	10. 67	10. 46	10. 29	10. 16	10. 05	9. 89	9. 72	9. 55	9. 20	9. 02
6	13. 75	10. 92	9. 78	9. 15	8. 75	8. 47	8. 26	8. 10	7. 98	7. 87	7. 72	7. 56	7. 40	7. 06	6. 88
7	12. 25	9. 55	8. 45	7. 85	7. 46	7. 19	6. 99	6. 84	6. 72	6. 62	6. 47	6. 31	6. 16	5. 82	5. 65
8	11. 26	8. 65	7. 59	7. 01	6. 63	6. 37	6. 18	6. 03	5. 91	5. 81	5. 67	5. 52	5. 36	5. 03	4. 86
9	10. 56	8. 02	6. 99	6. 42	6. 06	5. 80	5. 61	5. 47	5. 35	5. 26	5. 11	4. 96	4. 81	4. 48	4. 31
10	10. 04	7. 56	6. 55	5. 99	5. 64	5. 39	5. 20	5. 06	4. 94	4. 85	4. 71	4. 56	4. 41	4. 08	3. 91
11	9. 65	7. 21	6. 22	5. 67	5. 32	5. 07	4. 89	4. 74	4. 63	4. 54	4. 40	4. 25	4. 10	3. 78	3. 60
12	9. 33	6. 93	5. 95	5. 41	5. 06	4. 82	4. 64	4. 50	4. 39	4. 30	4. 16	4. 01	3. 86	3. 54	3. 36
13	9. 07	6. 70	5. 74	5. 21	4. 86	4. 62	4. 44	4. 30	4. 19	4. 10	3. 96	3. 82	3. 66	3. 34	3. 17
14	8. 86	6. 51	5. 56	5. 04	4. 69	4. 46	4. 28	4. 14	4. 03	3. 94	3. 80	3. 66	3. 51	3. 18	3. 00
15	8. 68	6. 36	5. 42	4. 89	4. 56	4. 32	4. 14	4. 00	3. 89	3. 80	3. 67	3. 52	3. 37	3. 05	2. 87
16	8. 53	6. 23	5. 29	4. 77	4. 44	4. 20	4. 03	3. 89	3. 78	3. 69	3. 55	3. 41	3. 26	2. 93	2. 75
17	8. 40	6. 11	5. 18	4. 67	4. 34	4. 10	3. 93	3. 79	3. 68	3. 59	3. 46	3. 31	3. 16	2. 83	2. 65
18	8. 29	6. 01	5. 09	4. 58	4. 25	4. 01	3. 84	3. 71	3. 60	3. 51	3. 37	3. 23	3. 08	2. 75	2. 57
19	8. 18	5. 93	5. 01	4. 50	4. 17	3. 94	3. 77	3. 63	3. 52	3. 43	3. 30	3. 15	3. 00	2. 67	2. 49
20	8. 10	5. 85	4. 94	4. 43	4. 10	3. 87	3. 70	3. 56	3. 46	3. 37	3. 23	3. 09	2. 94	2. 61	2. 42
21	8. 02	5. 78	4. 87	4. 37	4. 04	3. 81	3. 64	3. 51	3. 40	3. 31	3. 17	3. 03	2. 88	2. 55	2. 36
22	7. 95	5. 72	4. 82	4. 31	3. 99	3. 76	3. 59	3. 45	3. 35	3. 26	3. 12	2. 98	2. 83	2. 50	2. 31
23	7. 88	5. 66	4. 76	4. 26	3. 94	3. 71	3. 54	3. 41	3. 30	3. 21	3. 07	2. 93	2. 78	2. 45	2. 26
24	7. 82	5. 61	4. 72	4. 22	3. 90	3. 67	3. 50	3. 36	3. 26	3. 17	3. 03	2. 89	2. 74	2. 40	2. 21
25	7. 77	5. 57	4. 68	4. 18	3. 85	3. 63	3. 46	3. 32	3. 22	3. 13	2. 99	2. 85	2. 70	2. 36	2. 17
30	7. 56	5. 39	4. 51	4. 02	3. 70	3. 47	3. 30	3. 17	3. 07	2. 98	2. 84	2. 70	2. 55	2. 21	2. 01
40	7. 31	5. 18	4. 31	3. 83	3. 51	3. 29	3. 12	2. 99	2. 89	2. 80	2. 66	2. 52	2. 37	2. 02	1. 80
60	7. 08	4. 98	4. 13	3. 65	3. 34	3. 12	2. 95	2. 82	2. 72	2. 63	2. 50	2. 35	2. 20	1. 84	1. 60
120	6. 85	4. 76	3. 95	3. 48	3. 17	2. 96	2. 79	2. 66	2. 56	2. 47	2. 34	2. 91	2. 03	1. 66	1. 38
∞	6. 63	4. 61	3. 78	3. 32	3. 02	2. 80	2. 64	2. 51	2. 41	2. 32	2. 18	2. 04	1. 88	1. 47	1. 00

附录 3

常用正交表

1. $L_4(2^3)$

试验号 \ 列号	1	2	3
1	1	1	1
2	1	2	2
3	2	1	2
4	2	2	1

2. $L_8(2^7)$

试验号 \ 列号	1	2	3	4	5	6	7
1	1	1	1	1	1	1	1
2	1	1	1	2	2	2	2
3	1	2	2	1	1	2	2
4	1	2	2	2	2	1	1
5	2	1	2	1	2	1	2
6	2	1	2	2	1	2	1
7	2	2	1	1	2	2	1
8	2	2	1	2	1	1	2

$L_8(2^7)$ 表头设计

因素数 \ 列号	1	2	3	4	5	6	7
3	A	B	A×B	C	A×C	B×C	
4	A	B	A×B C×D	C	A×C B×D	B×C A×D	D
4	A	B C×D	A×B	C B×D	A×C	D B×C	A×D
5	A D×E	B C×D	A×B C×E	C B×D	A×C B×E	D A×E B×C	E A×D

$L_8(2^7)$ 两列间的交互作用

试验号 \ 列号	1	2	3	4	5	6	7
(1)	(1)	3	2	5	4	7	6
(2)		(2)	1	6	7	4	5
(3)			(3)	7	6	5	4
(4)				(4)	1	2	3
(5)					(5)	3	2
(6)						(6)	1
(7)							(7)

3. $L_8(4\times2^4)$

试验号 \ 列号	1	2	3	4	5
1	1	1	1	1	1
2	1	2	2	2	2
3	2	1	1	2	2
4	2	2	2	1	1
5	3	1	2	1	2
6	3	2	1	2	1
7	4	1	2	2	1
8	4	2	1	1	2

$L_8(4\times2^4)$ 表头设计

因素数 \ 列号	1	2	3	4	5
2	A	B	$(A\times B)_1$	$(A\times B)_2$	$(A\times B)_3$
3	A	B	C		
4	A	B	C	D	
5	A	B	C	D	E

4. $L_9(3^4)$

试验号 \ 列号	1	2	3	4
1	1	1	1	1
2	1	2	2	2
3	1	3	3	3
4	2	1	2	3
5	2	2	1	1
6	2	3	3	2
7	3	1	3	2
8	3	2	1	3
9	3	3	2	1

注：任意两列间的交互作用为另外两列。

5. $L_{12}(2^{11})$

试验号 \ 列号	1	2	3	4	5	6	7	8	9	10	11
1	1	1	1	1	1	1	1	1	1	1	1
2	1	1	1	1	1	2	2	2	2	2	2
3	1	1	2	2	2	1	1	1	2	2	2
4	1	2	1	2	2	1	2	2	1	1	2
5	1	2	2	1	2	2	1	2	1	2	1
6	1	2	2	2	1	2	2	1	2	1	1
7	2	1	2	2	1	1	2	2	1	2	1
8	2	1	2	1	2	2	2	1	1	1	2
9	2	1	1	2	2	2	1	2	2	1	1
10	2	2	2	1	1	1	1	2	2	1	2
11	2	2	1	2	1	2	1	1	1	2	2
12	2	2	1	2	2	1	2	1	2	2	1

6. $L_{16}(2^{15})$

试验号 \ 列号	1	2	3	4	5	6	7	8	9	10	11	12	13	14	15
1	1	1	1	1	1	1	1	1	1	1	1	1	1	1	1
2	1	1	1	1	1	1	1	2	2	2	2	2	2	2	2
3	1	1	1	2	2	2	2	1	1	1	1	2	2	2	2
4	1	1	1	2	2	2	2	2	2	2	2	1	1	1	1
5	1	2	2	1	1	2	2	1	1	2	2	1	1	2	2
6	1	2	2	1	1	2	2	2	2	1	1	2	2	1	1
7	1	2	2	2	2	1	1	1	1	2	2	2	2	1	1
8	1	2	2	2	2	1	1	2	2	1	1	1	1	2	2
9	2	1	2	1	2	1	2	1	2	1	2	1	2	1	2
10	2	1	2	1	2	1	2	2	1	2	1	2	1	2	1
11	2	1	2	2	1	2	1	1	2	1	2	2	1	2	1
12	2	1	2	2	1	2	1	2	1	2	1	1	2	1	2
13	2	2	1	1	2	2	1	1	2	2	1	1	2	2	1
14	2	2	1	1	2	2	1	2	1	1	2	2	1	1	2
15	2	2	1	2	1	1	2	1	2	2	1	2	1	1	2
16	2	2	1	2	1	1	2	2	1	1	2	1	2	2	1

$L_{16}(2^{15})$ 两列间的交互作用

试验号 \ 列号	1	2	3	4	5	6	7	8	9	10	11	12	13	14	15
(1)	(1)	3	2	5	4	7	6	9	8	11	10	13	12	15	14
(2)		(2)	1	6	7	4	5	10	11	8	9	14	15	12	13
(3)			(3)	7	6	5	4	11	10	9	8	15	14	13	12
(4)				(4)	1	2	3	12	13	14	15	8	9	10	11
(5)					(5)	8	2	13	12	15	14	9	8	11	10
(6)						(6)	1	14	15	12	13	10	11	8	9
(7)							(7)	15	14	13	12	11	10	9	8
(8)								(8)	1	2	8	4	5	6	7
(9)									(9)	8	2	5	4	7	6
(10)										(10)	1	6	7	4	5
(11)											(11)	7	6	5	4
(12)												(12)	1	2	3
(13)													(13)	3	2
(14)														(14)	1

$L_{16}(2^{15})$ 表头设计

因素数＼列号	1	2	3	4	5	6	7	8	9	10	11	12	13	14	15
4	A	B	A×B	C	A×C	B×C		D	A×D	B×D		C×D			
5	A	B	A×B	C	A×C	B×C	D×E	D	A×D	B×D	C×E	C×D	B×E	A×E	E
6	A	B	A×B D×E	C	A×C D×F	B×C E×F		D	A×D B×E C×F	B×D A×E	E	C×D A×F	F		C×E B×F
7	A	B	A×B D×E F×G	C	A×C D×F E×G	B×C E×F D×G		D	A×D B×E C×F	B×D A×E C×G	E	C×D A×F B×G	F	G	C×E B×F A×G
8	A	B	A×B D×E F×G C×H	C	A×C D×F E×G B×H	B×C E×F D×G A×H	H	D	A×D B×E C×F G×H	B×D A×E C×G F×H	E	C×D A×F B×G E×H	F	G	C×E B×F A×G D×H

7. $L_{16}(4\times2^{12})$

试验号＼列号	1	2	3	4	5	6	7	8	9	10	11	12	13
1	1	1	1	1	1	1	1	1	1	1	1	1	1
2	1	1	1	1	1	2	2	2	2	2	2	2	2
3	1	2	2	2	2	1	1	1	1	2	2	2	2
4	1	2	2	2	2	2	2	2	2	1	1	1	1
5	2	1	1	2	2	1	1	2	2	1	1	2	2
6	2	1	1	2	2	2	2	1	1	2	2	1	1
7	2	2	2	1	1	1	1	2	2	2	2	1	1
8	2	2	2	1	1	2	2	1	1	1	1	2	2
9	3	1	2	1	2	1	2	1	2	1	2	1	2
10	3	1	2	1	2	2	1	2	1	2	1	2	1
11	3	2	1	2	1	1	2	1	2	2	1	2	1
12	3	2	1	2	1	2	1	2	1	1	2	1	2
13	4	1	2	2	1	1	2	2	1	1	2	2	1
14	4	1	2	2	1	2	1	1	2	2	1	1	2
15	4	2	1	1	2	1	2	2	1	2	1	1	2
16	4	2	1	1	2	2	1	1	2	1	2	2	1

$L_{16}(4\times2^{12})$ 表头设计

因素数＼列号	1	2	3	4	5	6	7	8	9	10	11	12	13
3	A	B	$(A\times B)_1$	$(A\times B)_2$	$(A\times B)_3$	C	$(A\times C)_1$	$(A\times C)_2$	$(A\times C)_3$	B×C			
4	A	B	$(A\times B)_1$ C×D	$(A\times B)_2$	$(A\times B)_3$	C	$(A\times C)_1$ B×D	$(A\times C)_2$	$(A\times C)_3$	B×C $(A\times D)_1$	D	$(A\times D)_3$	$(A\times D)_2$
5	A	B	$(A\times B)_1$ C×D	$(A\times B)_2$ C×E	$(A\times B)_3$	C	$(A\times C)_1$ B×D	$(A\times C)_2$ B×E	$(A\times C)_3$	B×C $(A\times D)_1$ $(A\times E)_2$	D $(A\times E)_3$	E $(A\times D)_3$	$(A\times E)_1$ $(A\times D)_2$

8. $L_{16}(4^2 \times 2^9)$

试验号 \ 列号	1	2	3	4	5	6	7	8	9	10	11
1	1	1	1	1	1	1	1	1	1	1	1
2	1	2	1	1	1	2	2	2	2	2	2
3	1	3	2	2	2	1	1	1	2	2	2
4	1	4	2	2	2	2	2	2	1	1	1
5	2	1	1	2	2	1	2	2	1	2	2
6	2	2	1	2	2	2	1	1	2	1	1
7	2	3	2	1	1	1	2	2	2	1	1
8	2	4	2	1	1	2	1	1	1	2	2
9	3	1	2	1	2	2	1	2	2	1	2
10	3	2	2	1	2	1	2	1	1	2	1
11	3	3	1	2	1	2	1	2	1	2	1
12	3	4	1	2	1	1	2	1	2	1	2
13	4	1	2	2	1	2	2	1	2	2	1
14	4	2	2	2	1	1	1	2	1	1	2
15	4	3	1	1	2	2	2	1	1	1	2
16	4	4	1	1	2	1	1	2	2	2	1

9. $L_{16}(4^3 \times 2^6)$

试验号 \ 列号	1	2	3	4	5	6	7	8	9
1	1	1	1	1	1	1	1	1	1
2	1	2	2	1	1	2	2	2	2
3	1	3	3	2	2	1	1	2	2
4	1	4	4	2	2	2	2	1	1
5	2	1	2	2	2	1	2	1	2
6	2	2	1	2	2	2	1	2	1
7	2	3	4	1	1	1	2	2	1
8	2	4	3	1	1	2	1	1	2
9	3	1	3	1	2	2	2	2	1
10	3	2	4	1	2	1	1	1	2
11	3	3	1	2	1	2	2	1	2
12	3	4	2	2	1	1	1	2	1
13	4	1	4	2	1	2	1	2	2
14	4	2	3	2	1	1	2	1	1
15	4	3	2	1	2	2	1	1	1
16	4	4	1	1	2	1	2	2	2

10. $L_{16}(4^4 \times 2^3)$

试验号 \ 列号	1	2	3	4	5	6	7
1	1	1	1	1	1	1	1
2	1	2	2	2	1	2	2
3	1	3	3	3	2	1	2
4	1	4	4	4	2	2	1
5	2	1	2	3	2	2	1
6	2	2	1	4	2	1	2
7	2	3	4	1	1	2	2
8	2	4	3	2	1	1	1
9	3	1	3	4	1	2	2
10	3	2	4	3	1	1	1
11	3	3	1	2	2	2	1
12	3	4	2	1	2	1	2
13	4	1	4	2	2	1	2
14	4	2	3	1	2	2	1
15	4	3	2	4	1	1	1
16	4	4	1	3	1	2	2

11. $L_{16}(4^5)$

试验号 \ 列号	1	2	3	4	5
1	1	1	1	1	1
2	1	2	2	2	2
3	1	3	3	3	3
4	1	4	4	4	4
5	2	1	2	3	4
6	2	2	1	4	3
7	2	3	4	1	2
8	2	4	3	2	1
9	3	1	3	4	2
10	3	2	4	3	1
11	3	3	1	2	4
12	3	4	2	1	3
13	4	1	4	2	3
14	4	2	3	1	4
15	4	3	2	4	1
16	4	4	1	3	2

12. $L_{16}(8 \times 2^8)$

试验号 \ 列号	1	2	3	4	5	6	7	8	9
1	1	1	1	1	1	1	1	1	1
2	1	2	2	2	2	2	2	2	2
3	2	1	1	1	1	2	2	2	2
4	2	2	2	2	2	1	1	1	1
5	3	1	1	2	2	1	1	2	2
6	3	2	2	1	1	2	2	1	1
7	4	1	1	2	2	2	2	1	1
8	4	2	2	1	1	1	1	2	2
9	5	1	2	1	2	1	2	1	2
10	5	2	1	2	1	2	1	2	1
11	6	1	2	1	2	2	1	2	1
12	6	2	1	2	1	1	2	1	2
13	7	1	2	2	1	1	2	2	1
14	7	2	1	1	2	2	1	1	2
15	8	1	2	2	1	2	1	1	2
16	8	2	1	1	2	1	2	2	1

13. $L_{20}(2^{19})$

试验号＼列号	1	2	3	4	5	6	7	8	9	10	11	12	13	14	15	16	17	18	19
1	1	1	1	1	1	1	1	1	1	1	1	1	1	1	1	1	1	1	1
2	2	2	1	1	2	2	2	2	1	2	1	2	1	1	1	1	2	2	1
3	2	1	1	2	2	2	2	1	2	1	2	1	1	1	1	2	2	1	2
4	1	1	2	2	2	2	1	2	1	2	1	1	1	1	2	2	1	2	2
5	1	2	2	2	2	1	2	1	2	1	1	1	1	2	2	1	2	2	1
6	2	2	2	2	1	2	1	2	1	1	1	1	2	2	1	2	2	1	1
7	2	2	2	1	2	1	2	1	1	1	1	2	2	1	2	2	1	1	2
8	2	2	1	2	1	2	1	1	1	1	2	2	1	2	2	1	1	2	2
9	2	1	2	1	2	1	1	1	1	2	2	1	2	2	1	1	2	2	2
10	1	2	1	2	1	1	1	1	2	2	1	2	2	1	1	2	2	2	2
11	2	1	2	1	1	1	1	2	2	1	2	2	1	1	2	2	2	2	1
12	1	2	1	1	1	1	2	2	1	2	2	1	1	2	2	2	2	1	2
13	2	1	1	1	1	2	2	1	2	2	1	1	2	2	2	2	1	2	1
14	1	1	1	1	2	2	1	2	2	1	1	2	2	2	2	1	2	1	2
15	1	1	1	2	2	1	2	2	1	1	2	2	2	2	1	2	1	2	1
16	1	1	2	2	1	2	2	1	1	2	2	2	2	1	2	1	2	1	1
17	1	2	2	1	2	2	1	1	2	2	2	2	1	2	1	2	1	1	1
18	2	2	1	2	2	1	1	2	2	2	2	1	2	1	2	1	1	1	1
19	2	1	2	2	1	1	2	2	2	2	1	2	1	2	1	1	1	1	2
20	1	2	2	1	1	2	2	2	2	1	2	1	2	1	1	1	1	2	2

14. $L_{18}(2\times 3^{7})$

试验号＼列号	1	2	3	4	5	6	7	8
1	1	1	1	1	1	1	1	1
2	1	1	2	2	2	2	2	2
3	1	1	3	3	3	3	3	3
4	1	2	1	1	2	2	3	3
5	1	2	2	2	3	3	1	1
6	1	2	3	3	1	1	2	2
7	1	3	1	2	1	3	2	3
8	1	3	2	3	2	1	3	1
9	1	3	3	1	3	2	1	2
10	2	1	1	3	3	2	2	1
11	2	1	2	1	1	3	3	2
12	2	1	3	2	2	1	1	3
13	2	2	1	2	3	1	3	2
14	2	2	2	3	1	2	1	3
15	2	2	3	1	2	3	2	1
16	2	3	1	3	2	3	1	2
17	2	3	2	1	3	1	2	1
18	2	3	3	2	1	2	3	1

15. $L_{27}(3^{13})$

试验号 \ 列号	1	2	3	4	5	6	7	8	9	10	11	12	13
1	1	1	1	1	1	1	1	1	1	1	1	1	1
2	1	1	1	1	2	2	2	2	2	2	2	2	2
3	1	1	1	1	3	3	3	3	3	3	3	3	3
4	1	2	2	2	1	1	1	2	2	2	3	3	3
5	1	2	2	2	2	2	2	3	3	3	1	1	1
6	1	2	2	2	3	3	3	1	1	1	2	2	2
7	1	3	3	3	1	1	1	3	3	3	2	2	2
8	1	3	3	3	2	2	2	1	1	1	3	3	3
9	1	3	3	3	3	3	3	2	2	2	1	1	1
10	2	1	2	3	1	2	3	1	2	3	1	2	3
11	2	1	2	3	2	3	1	2	3	1	2	3	1
12	2	1	2	3	3	1	2	3	1	2	3	1	2
13	2	2	3	1	1	2	3	2	3	1	3	1	2
14	2	2	3	1	2	3	1	3	1	2	1	2	3
15	2	2	3	1	3	1	2	1	2	3	2	3	1
16	2	3	1	2	1	2	3	3	1	2	2	3	1
17	2	3	1	2	2	3	1	1	2	3	3	1	2
18	2	3	1	2	3	1	2	2	3	1	1	2	3
19	3	1	3	2	1	3	2	1	3	2	1	3	2
20	3	1	3	2	2	1	3	2	1	3	2	1	3
21	3	1	3	2	3	2	1	3	2	1	3	2	1
22	3	2	1	3	1	3	2	2	1	3	3	2	1
23	3	2	1	3	2	1	3	3	2	1	1	3	2
24	3	2	1	3	3	2	1	1	3	2	2	1	3
25	3	3	2	1	1	3	2	3	2	1	2	1	3
26	3	3	2	1	2	1	3	1	3	2	3	2	1
27	3	3	2	1	3	2	1	2	1	3	1	3	2

$L_{27}(3^{13})$ 表头设计

因素数 \ 列号	1	2	3	4	5	6	7	8	9	10	11	12	13
3	A	B	$(A\times B)_1$	$(A\times B)_2$	C	$(A\times C)_1$	$(A\times C)_2$	$(B\times C)_1$			$(B\times C)_2$		
4	A	B	$(A\times B)_1$ $(C\times D)_2$	$(A\times B)_2$	C	$(A\times C)_1$ $(B\times D)_2$	$(A\times C)_2$	$(B\times C)_1$ $(A\times D)_2$	D	$(A\times D)_1$	$(B\times C)_2$	$(B\times D)_1$	$(C\times D)_1$

$L_{27}(3^{13})$ 两列间的交互作用

试验号 \ 列号	1	2	3	4	5	6	7	8	9	10	11	12	13
(1)	(1)	3	2	2	6	5	5	9	8	8	12	11	11
		4	4	3	7	7	6	10	10	9	13	13	12
(2)		(2)	1	1	8	9	10	5	6	7	5	6	7
			4	3	11	12	13	11	12	13	8	9	10
(3)			(3)	1	9	10	8	7	5	6	6	7	5
				2	13	11	12	12	13	11	10	8	9
(4)				(4)	10	8	9	6	7	5	7	5	6
					12	13	11	13	11	12	9	10	8
(5)					(5)	1	1	2	3	4	2	4	3
						7	6	11	13	12	8	10	9
(6)						(6)	1	4	2	3	3	2	4
							5	13	12	11	10	9	8
(7)							(7)	8	4	2	4	3	2
								12	11	13	9	8	10
(8)								(8)	1	1	2	3	4
									10	9	5	7	6
(9)									(9)	1	4	2	3
										8	7	6	5
(10)										(10)	3	4	2
											6	5	7
(11)											(11)	1	1
												13	12
(12)												(12)	1
													11

16. $L_{25}(5^6)$

试验号 \ 列号	1	2	3	4	5	6
1	1	1	1	1	1	1
2	1	2	2	2	2	2
3	1	3	3	3	3	3
4	1	4	4	4	4	4
5	1	5	5	5	5	5
6	2	1	2	3	4	5
7	2	2	3	4	5	1
8	2	3	4	5	1	2

续表

试验号 \ 列号	1	2	3	4	5	6
9	2	4	5	1	2	3
10	2	5	1	2	3	4
11	3	1	3	5	2	4
12	3	2	4	1	3	5
13	3	3	5	2	4	1
14	3	4	1	3	5	2
15	3	5	2	4	1	3
16	4	1	4	2	5	3
17	4	2	5	3	1	4
18	4	3	1	4	2	5
19	4	4	2	5	3	1
20	4	5	3	1	4	2
21	5	1	5	4	3	2
22	5	2	1	5	4	3
23	5	3	2	1	5	4
24	5	4	3	2	1	5
25	5	5	4	3	2	1

附录 4

乙醇－水溶液物性参数表

附表 4－1　　乙醇－水溶液平衡数据（p =101.325kPa）

液相组成		气相组成		沸点	液相组成		气相组成		沸点
质量分数	摩尔分数	质量分数	摩尔分数	（℃）	质量分数	摩尔分数	质量分数	摩尔分数	（℃）
2.00	0.79	19.7	8.76	97.65	54.00	31.47	78.0	58.11	81.50
4.00	1.61	33.3	16.34	95.80	56.00	33.24	78.5	58.78	81.30
6.00	2.34	41.0	21.45	94.15	58.00	35.09	79.0	59.55	81.20
8.00	3.29	47.6	26.21	92.60	60.00	36.98	79.5	60.29	81.00
10.00	4.16	52.2	29.92	91.30	62.00	38.95	80.0	61.02	80.85
12.00	5.07	55.8	33.06	90.50	64.00	41.02	80.5	61.61	80.65
14.00	5.98	58.8	35.83	89.20	66.00	43.17	81.0	62.52	80.50
16.00	6.86	61.1	38.06	88.30	68.00	45.41	81.6	63.43	80.40
18.00	7.95	63.2	40.18	87.70	70.00	47.74	82.1	64.21	80.20
20.00	8.92	65.0	42.09	87.00	72.00	50.16	82.8	65.34	80.00
22.00	9.93	66.6	43.82	86.40	74.00	52.68	83.4	66.28	79.85
24.00	11.00	68.0	45.41	85.95	76.00	55.34	84.1	67.42	79.72
26.00	12.08	69.3	46.90	85.40	78.00	58.11	84.9	68.76	79.65
28.00	13.19	70.3	48.08	85.00	80.00	61.02	85.8	70.29	79.50
30.00	14.35	71.3	49.30	84.70	82.00	64.05	86.7	71.86	79.30
32.00	15.55	72.1	50.27	84.30	84.00	67.27	87.7	73.61	79.10
34.00	16.77	72.9	51.27	83.85	86.00	70.63	88.9	75.82	78.85
36.00	18.03	73.5	52.04	83.70	88.00	74.15	90.1	78.00	78.65
38.00	19.34	74.0	52.68	83.40	90.00	77.88	91.3	80.42	78.50
40.00	20.68	74.6	53.46	83.10	92.00	81.83	92.7	83.26	78.30
42.00	22.07	75.1	54.12	82.65	94.00	85.97	94.2	86.40	78.20
44.00	23.51	75.6	54.80	82.50	95.57	89.41	95.57	89.41	78.15
46.00	25.00	76.1	55.48	82.35	95.83	90.0	95.74	89.8	
48.00	26.53	76.5	56.03	82.15	97.98	95.0	97.65	94.2	
50.00	28.12	77.0	56.71	81.90	100	100	100	100	
52.00	29.80	77.5	57.41	81.70					

附表 4-2　　乙醇-水溶液的比热　kJ/（kg·℃）

质量（%）	温度（℃）				
	0	30	50	70	90
3.98	4.313	4.229	4.271	4.271	4.271
8.01	4.396	4.271	4.271	4.271	4.313
16.21	4.396	4.313	4.313	4.313	4.313
24.61	4.187	4.271	4.396	4.480	4.564
33.30	3.936	4.103	4.187	4.354	4.438
42.43	3.643	3.852	4.020	4.229	4.396
52.09	3.350	3.601	3.852	4.103	4.354
62.39	3.140	3.350	3.685	3.936	4.271
73.08	2.805	3.098	3.224	3.643	4.061
85.66	2.554	2.805	2.931	3.350	3.768
100.00	2.261	2.512	2.722	2.973	3.350

也可用以下回归方程式计算：

$$c_p = (1.0365 - 1.3485 \times 10^{-3}w - 9.3326 \times 10^{-4}t - 4.3944 \times 10^{-5}w^2 + 3.863 \times 10^{-5}wt + 9.962 \times 10^{-6}t^2) \times 4.187$$

式中，c_p——比热，kJ/(kg·℃)；

w——乙醇的质量百分数,%；

t——温度,℃　$t = \frac{t_S + t_F}{2}$。

附表 4-3　　乙醇-水溶液的汽化潜热

液相中乙醇质量百分数（%）	沸腾温度（℃）	汽化潜热（kJ/kg）	液相中乙醇质量百分数（%）	沸腾温度（℃）	汽化潜热（kJ/kg）	液相中乙醇质量百分数（%）	沸腾温度（℃）	汽化潜热（kJ/kg）
0	100	2258.5	29.86	84.6	1836.8	60.38	80.9	1418.1
0.80	99	2235.9	31.62	84.3	1812.6	75.91	79.7	1205.4
1.60	98.9	2223.3	33.39	84.1	1788.3	85.76	79.1	1070.2
2.40	97.3	2213.2	35.18	83.8	1764.0	91.08	78.5	997.3
5.62	94.4	2169.3	36.00	83.5	1738.9	98.00	78.3	958.8
11.30	90.7	2091.0	38.82	83.3	1713.7	98.84	78.25	918.2
19.60	87.2	1977.1	40.66	83.0	1688.6	100	78.25	875.1
24.99	86.1	1742.6	50.21	81.9	1557.6			

可用以下回归方程计算：

$$r = (4.745 \times 10^{-4} w^2 - 3.315w + 5.3797 \times 10^2) \times 4.187$$

式中，r ——汽化潜热，kJ/kg；

w ——乙醇的质量百分数,%。

附表 4－4　　乙醇－水溶液比重（20℃）与质量百分数关系

质量（%）	20℃比重	质量（%）	20℃比重	质量（%）	20℃比重	质量（%）	20℃比重	质量（%）	20℃比重
0	0.9982	20	0.9686	40	0.9352	60	0.8911	80	0.8434
1	0.9964	21	0.9673	41	0.9331	61	0.8888	81	0.8410
2	0.9945	22	0.9659	42	0.9311	62	0.8865	82	0.8385
3	0.9928	23	0.9645	43	0.9290	63	0.8842	83	0.8360
4	0.9910	24	0.9631	44	0.9269	64	0.8818	84	0.8335
5	0.9894	25	0.9617	45	0.9247	65	0.8795	85	0.8310
6	0.9878	26	0.9602	46	0.9226	66	0.8771	86	0.8284
7	0.9863	27	0.9587	47	0.9204	67	0.8748	87	0.8258
8	0.9848	28	0.9571	48	0.9182	68	0.8724	88	0.8232
9	0.9833	29	0.9555	49	0.9160	69	0.8700	89	0.8206
10	0.9819	30	0.9538	50	0.9138	70	0.8677	90	0.8180
11	0.9805	31	0.9521	51	0.9116	71	0.8653	91	0.8153
12	0.9791	32	0.9504	52	0.9094	72	0.8629	92	0.8126
13	0.9778	33	0.9486	53	0.9071	73	0.8605	93	0.8098
14	0.9764	34	0.9468	54	0.9049	74	0.8581	94	0.8071
15	0.9751	35	0.9449	55	0.9026	75	0.8556	95	0.8042
16	0.9739	36	0.9431	56	0.9003	76	0.8532	96	0.8014
17	0.9726	37	0.9411	57	0.8980	77	0.8508	97	0.7985
18	0.9713	38	0.9392	58	0.8957	78	0.8484	98	0.7955
19	0.9700	39	0.9372	59	0.8934	79	0.8459	99	0.7924
								100	0.7893

附录 5

精馏操作不正常现象的原因分析及调节方法

操作条件变化及现象	原因分析	调节方法
塔顶采出率 D/F 过大 塔顶温度升高，塔釜温度略有升高 x_D 减小、x_W 减小	塔顶采出率 D/F 过大，随着精馏过程的进行，会使精馏操作处于 $Dx_D > Fx_F - Wx_W$ 的状态。塔内轻组分将大量从塔顶馏出，塔内各板上的轻组分的浓度将逐渐降低，重组分则逐渐积累，由于操作压力一定时，塔内各板的气、液组成与温度存在着对应关系，因此各板上的温度也随之上升。由于塔釜中物料绝大部分为重组分，所以塔釜温度基本不变	保持塔釜加热负荷不变，减小塔顶采出量 D（增大回流比），加大进料量 F 和塔釜出料量 W，使精馏塔在 $Dx_D < Fx_F - Wx_W$ 的条件下操作一段时间，以迅速弥补塔内的轻组分量，使之尽快达到正常的浓度分布。待塔顶温度恢复正常时，再调节有关参数，使过程在 $Dx_D = Fx_F - Wx_W$ 的正常情况下操作
塔顶采出率 D/F 过小 塔顶温度略有下降，塔釜温度下降 x_D 增大、x_W 增大	在其他条件不变时，减少塔顶采出率，则必须同时加大塔底采出率，以满足物料平衡，所以其原因分析与塔底采出率 W/F 过大相同	减小回流比，即回流量 L 不变，加大塔顶采出量 D，同时相应增大塔釜加热负荷，也可适当减少进料量
塔底采出率 W/F 过大 塔顶温度略有下降，塔釜温度下降 x_D 增大、x_W 增大	塔底采出率 W/F 过大，随着精馏过程的进行，会使精馏操作处于 $Dx_D < Fx_F - Wx_W$ 的状态。随着精馏过程的进行，塔内重组分将大量从塔底流出，塔内各板上的重组分的浓度将逐渐减小，轻组分则逐渐积累，因此各板上的温度也随之下降	增大塔釜加热负荷，加大塔顶采出量 D（回流量 L 不变），视具体情况适当减少塔釜出料量和进料量，使精馏塔在 $Dx_D > Fx_F - Wx_W$ 的条件下操作一段时间。待塔釜温度恢复正常时，再调节有关参数，使过程在 $Dx_D = Fx_F - Wx_W$ 的正常情况下操作
进料组成 x_F 增加 塔顶、塔釜温度均下降，塔压升高 x_D 增大、x_W 增大	若汽液比不变，提馏段所需塔板数增多。对固定塔板数的精馏塔而言，提馏段的负荷加重，釜液中的轻组分含量增多，即 x_W 增大，同时引起全塔的物料平衡发生变化，塔板温度下降，塔压升高，使 x_D 增大	可将进料口位置上移，及时减小回流比，同时调整加热剂和冷却剂的用量

续表

操作条件变化及现象	原因分析	调节方法
进料量过大 塔顶温度不变或略有下降，塔釜温度下降 x_D 增大、x_W 增大 严重时会发生液泛	进料量增大，将会使提馏段回流液增大，由于塔釜的加热负荷不变，所以会使 D 减小，W 增大，从而 x_D 增大，x_W 增大。精馏操作处于 $Dx_D < Fx_F - Wx_W$ 的状态	同塔底采出率 W/F 过大
分离能力不够导致产品的质量不合格 塔顶温度升高，塔釜温度降低 x_D 减少、x_W 增大	对于一座设计完善的精馏塔，分离能力不够是指在操作中回流比过小，塔内气液两相接触不充分，分离效果差而导致的产品不合格	加大回流比 当塔的进料量 F 以及 x_F、x_D、x_W 一定时，则塔顶 D 和塔釜 W 已经确定，要保证塔内的物料平衡，不能采用减小塔顶 D 来调节回流比，而必须靠增加上升蒸气量，即增加塔釜的加热速率和增加塔顶的冷凝量来加大回流比
塔釜压力变化 (1) 塔釜压力过小 (2) 塔釜压力增大 (3) 塔釜压力急剧上升	塔釜压力表示塔内各板的综合压降 (1) 塔釜压力过小，表明塔内已发生严重的漏液 (2) 塔釜压力增大，表明塔内发生严重的液沫夹带 (3) 塔釜压力急剧上升表明塔内发生液泛	参照本表中的漏液、液沫夹带、液泛的调节方法
灵敏板温度变化 (1) 灵敏板温度缓慢上升，塔顶温度升高，塔釜温度降低 (2) 灵敏板温度突跃式上升，塔顶温度升高，塔釜温度升高	(1) 灵敏板温度缓慢上升，是因为回流比过小造成分离能力不够 (2) 灵敏板温度突跃式上升，是因为塔顶采出率不当引起的	(1) 参照分离能力不够导致产品的质量不合格的调节方法 (2) 参照塔顶采出率不当的调节方法
塔釜液面不稳定 (1) 加料量不变，塔釜温度下降，塔釜液面升高 (2) 进料组成 x_F 增加，塔釜温度下降，塔釜液面升高 (3) 其他操作条件不变，塔釜液面上升或下降	(1) 和 (2) 的原因均为塔釜中易挥发组分增多，使塔釜液增加 (3) 塔釜排出量调节阀开度偏小或偏大	(1) 提高釜温或增大釜液排出量 (2) 只能增大釜液排出量。若提高釜温，则会将重组分带到塔顶，使 x_D 下降 (3) 适当开大或开小塔釜排出量调节阀

续表

操作条件变化及现象	原因分析	调节方法
严重的液沫夹带	在板间距一定的情况下，液沫夹带通常是由于操作气速过大引起的	调节气速。工程上规定正常操作时，液沫夹带量低于0.1kg（液）/kg（气）
严重的漏液现象和干板	上升的气速太小和板面液面落差大，使气体在塔板上的分布不均造成漏液，随着漏液的增大，塔板上不能形成足够的液层高度，最后将液体全部漏光，即出现“干板”	调节气速。工程上规定漏液量不应大于液体量的10%
液泛	(1) 气体流量太大，造成过量液沫夹带，这是较常见的促成液泛的原因 (2) 液体流量太大 (3) 加热过猛，釜温突然升高 (4) 回流比过大	(1) 调节加热量，以调节气速 (2) 调节回流比，或调节进料量 (3) 调节加热量，降低釜温 (4) 减小回流比，加大采出量

附录 6

化工原理实验常见故障及排除方法

实验项目	常见故障	可能原因	排除方法
流体阻力	(1) 零流量时 U 形压差计两端液面不水平 (2) 倒 U 形压差计液位始终上升 (3) 倒 U 形压差计一端液面位置不变 (4) 测阻力时流量大，阻力小 (5) $\lambda \sim Re$ 关系不合常理 (6) 测定流量为 100L/h 的阻力压差值时，超过倒 U 形压差计的量程 (7) 启动泵后无流量	(1) 管线内气体未排尽 (2) 排气阀漏气或连接件漏气 (3) 堵塞 (4) 分流 (5) 大流量时不合常理是因为电子压差计零点漂移、小流量时不合常理是转子流量计读数误差 (6) 两个转子流量计均有流体通过 (7) 出口阀门未打开或管路阀门开关位置有误	(1) 排气 (2) 关紧阀门或适当拧紧卡套 (3) 检查测压点和管线阀门 (4) 关闭与本实验无关的阀门 (5) 电子压差计重新调零、重新精确读数 (6) 关闭另一个转子流量计阀门 (7) 打开阀门或检查管路阀
离心泵	(1) 离心泵启动泵后无水排出 (2) 离心泵噪声大，流量偏小 (3) 泵串联或并联时流量和扬程变化与理论不符	(1) 入口阀门未打开或出口阀门开度不够 (2) 电机倒转 (3) 串联阀门、并联阀门或入口阀门开关位置有误	(1) 打开入口阀门或继续旋转开大出口阀门 (2) 按一次变频器上的“FWD/REV”键 (3) 检查各阀门所处的位置是否正确
过滤	(1) 打开过滤机进口阀门无滤液排出 (2) 过滤时，滤液量少且始终浑浊 (3) 操作中板框机漏液严重 (4) 滤浆槽液位一直在下降	(1) 框装错 (2) 洗涤板方向错误 (3) 滤布、垫圈未装好或未压紧 (4) 管路连接处或泵密封圈处泄漏	(1) 应将滤框进料口与进料管口对齐 (2) 应将洗涤板进水口与洗涤管口对齐 (3) 将滤布拉平整、垫好垫圈并压紧 (4) 重新连接管路或更换密封圈
传热	(1) 蒸汽量不足 (2) 出口温度偏高或偏低	(1) 蒸汽发生器液位太低或电压太低 (2) 测温元件位置不合理	(1) 补水或待电压正常后再做实验 (2) 将热电偶置管线中心

续表

实验项目	常见故障	可能原因	排除方法
精馏	(1) 加料加不进去 (2) 回流不畅 (3) 塔顶冷凝器过热 (4) 上升蒸汽量太少 (5) 塔釜液位明显下降 (6) 塔釜压力急剧上升	(1) 原料罐中原料过少，液位太低 (2) 塔内有压力或气阻 (3) 冷却水量不足 (4) 电加热器电压低 (5) 塔底出料阀开度过大或塔釜进料阀门被打开 (6) 产生液泛	(1) 添加原料液 (2) 打开放空阀 (3) 加大冷却水量 (4) 检查电加热器电压 (5) 关小塔底出料阀或关闭塔釜进料阀 (6) 调节回流比或调节进料量
吸收	(1) 氨减压阀不起自动调节作用 (2) 塔顶喷淋头无水喷出或流量过小 (3) 填料层压降偏差较大 (4) 吸收瓶中反应到达终点时，量气管内空气的体积偏大或偏小	(1) 减压阀阀片被腐蚀 (2) 水过滤阀中滤网被堵或喷淋头小孔被堵 (3) 测压管路进水 (4) 吸收瓶中反应速度太快或尾气浓度测定管路漏气	(1) 更换减压阀 (2) 清洗阀中滤网或喷淋头 (3) 将测压管拔出，轻轻将水甩出 (4) 控制反应速度、检查吸收瓶上的磨口塞子是否塞紧，量气瓶上方的旋塞是否漏气
干燥	(1) 温度不能自动控制 (2) 调节加热旋钮，电流表指针不动 (3) 干燥速度太慢 (4) 干、湿球温度相近	(1) 仪表故障 (2) 加热板烧坏 (3) 控温过低 (4) 湿球温度计缺水	(1) 检查仪表 (2) 更换加热板 (3) 提高温度 (4) 加水

主要参考文献

[1] 施小芳，李微，林述英．化工原理实验（第二版）[M]．福州：福建科学技术出版社，2010.

[2] 谭天恩，麦本熙，丁惠华．化工原理（第三版） [M]．北京：化学工业出版社，1998.

[3] 冯亚云，冯朝伍，张金利．化工基础实验 [M]．北京：化学工业出版社，2000.

[4] 陈敏恒，丛德滋，方图南，齐鸣斋．化工原理 [M]．北京：化学工业出版社，2000.

[5] 伍钦，邹华生，高桂田．化工原理实验 [M]．广州：华南理工大学出版社，2001.

[6] 雷良恒，潘国昌，郭庆丰．化工原理实验 [M]．北京：清华大学出版社，1994.

[7] 李德树，黄光斗．化工原理实验 [M]．武汉：华中理工大学出版社，1997.

[8] 大连理工大学化工原理教研室．化工原理实验 [M]．大连：大连理工大学出版社，1995.

[9] 厉玉鸣．化工仪表及自动化 [M]．北京：化学工业出版社，1999.

[10] 向德明，姚杰．现代化工检测及过程控制 [M]．哈尔滨：哈尔滨工程大学出版社，2002.

[11] 杨祖荣．化工原理实验 [M]．北京：化学工业出版社，2004.

[12] 刘大茂．智能仪表 [M]．北京：机械工业出版社，1998.

[13] 石振东，刘国庆．实验数据处理与曲线拟合技术 [M]．哈尔滨：哈尔滨船舶工程学院出版社，1991.

[14] 阮奇，叶长燊，黄诗煌．化工原理优化设计与解题指南 [M]．北京：化学工业出版社，2001.

[15] 老健正，梅慈云．化工原理实验指导 [M]．广州：科学普及出版社广州分社，1989.

[16] 林述英，施小芳，李微．用小论文形式撰写化工原理实验报告的探讨 [J]．化工高等教育，2004（2）：99 ~ 100

[17] 余冰雅，李微．利用流体流动阻力实验装置测定管道粗糙度 [J]．福建化工，2003（2）：6 ~ 8

[18] 章振华，林述英，施小芳．传热膜系数 α_2 的测定及强化传热措施探讨 [J]．福建化工，2003（2）：9 ~ 12

[19] 郑成辉，施小芳，李微．流体在不锈钢管道中湍流流动的阻力测定与分析[J]．福建化工，2003 (3)：13 ~ 16

[20] 黄禹忠，诸林，何红梅．离心泵的调节方式与能耗分析 [J]．化工设备与管道，2003 (6)：29 ~ 31

[21] 欧剑云，沈鸿，叶长燊，阮奇．螺旋线圈强化传热适宜操作雷诺数的确定 [J]．应用科技，2004，31 (8)：61 ~ 64